"十四五"高等职业教育
电子与信息大类专业系列教材

C语言程序设计实训指导与习题精解

李 英 向 魏 周宝林◎主 编
李昆蔓 郭美佐 刘 惠◎副主编
杨 博 梅 俊 王原野 张 霞◎参 编

中国铁道出版社有限公司
CHINA RAILWAY PUBLISHING HOUSE CO., LTD.

内 容 简 介

本书紧扣“十四五”高等职业教育电子与信息大类专业教学标准，依托作者一线教学经验与行业应用需求编写。全书以“实战驱动知识内化”为核心理念，构建阶梯式学习路径，通过精选习题与典型案例，帮助读者突破“懂却不会用”的学习困境。内容体系涵盖C语言基础语法、控制结构、数组指针、函数模块化开发等核心技能，延伸至位运算、内存管理等进阶主题。

本书每个单元按“学习目标→知识要点→习题精解→实战训练”进行设计。特色在于将抽象概念具象化为可调试的编程场景，强化调试思维与代码规范意识。习题配套详细解析与多样化的实战题型。

本书适合作为高等职业院校电子与信息大类等专业的教材，也可作为自学者系统提升编程能力的用书。

图书在版编目（CIP）数据

C语言程序设计实训指导与习题精解 / 李英，向魏，周宝林主编. -- 北京 : 中国铁道出版社有限公司，2025. 8. --（“十四五”高等职业教育电子与信息大类专业系列教材）. -- ISBN 978-7-113-32361-5

Ⅰ. TP312.8-44

中国国家版本馆CIP数据核字第2025MZ4667号

书　　名：C 语言程序设计实训指导与习题精解
作　　者：李　英　向　魏　周宝林

策　　划：徐海英　　　　　　编辑部电话：（010）63560043
责任编辑：何红艳　王占清
封面设计：刘　颖
责任校对：刘　畅
责任印制：赵星辰

出版发行：中国铁道出版社有限公司（100054，北京市西城区右安门西街 8 号）
网　　址：https://www.tdpress.com/51eds
印　　刷：北京鑫益晖印刷有限公司
版　　次：2025 年 8 月第 1 版　2025 年 8 月第 1 次印刷
开　　本：787 mm × 1 092 mm　1/16　印张：6.5　字数：167 千
书　　号：ISBN 978-7-113-32361-5
定　　价：26.00 元

前 言

C 语言作为计算机科学领域的“基石”之一，自诞生以来便以其高效性、灵活性和贴近硬件的特性，成为系统编程、嵌入式开发、算法实现等领域的核心工具。无论是操作系统、数据库，还是智能设备的底层驱动，C 语言的身影无处不在。然而，这门经典语言的学习曲线并不平坦——指针的灵活与风险、内存管理的复杂、位运算的抽象，常常让初学者感到困惑。正因如此，实践与理论结合的训练显得尤为重要。本书的编写初衷，便是通过结构化框架知识搭建、阶梯式能力进阶、实战化场景驱动，帮助读者跨越“知道”与“会用”之间的鸿沟，真正掌握 C 语言的精髓。

本书特色

（1）目标明确化。每个单元开篇即列出清晰的学习目标，帮助读者聚焦核心问题，避免盲目学习。

（2）讲解场景化。书中包含数百道精选习题，涵盖基础语法训练、经典算法实现、底层内存操作等多元场景，力求让学习者在反复实践中内化知识。每一道例题的解析均模拟真实编程场景，逐步拆解问题，揭示常见误区，培养读者的调试思维与代码安全意识。

（3）设计系统化。本书摒弃传统教材“重理论、轻实践”的模式，以问题解决为导向，将知识拆解为 15 个紧密关联的单元，每个单元围绕一个核心目标展开。例如，从数据类型的本质到指针与内存的深入操控，从流程控制的基础逻辑到位运算的进阶技巧，每个单元均按“学习目标→知识要点→习题精解→实践训练”进行设计。这种设计确保读者不仅能理解语法规则，更能培养其独立解决复杂问题的能力。

致读者

学习 C 语言的过程，犹如锻造一把利剑——需要反复锤炼、耐心打磨。书中某些习题可能让读者反复调试至深夜，某些概念可能需要多次研读才能豁然开朗，但这正是成长的必经之路。请务必亲手输入每一段代码，观察它的运行结果；尝试修改例题中的参数，思考背后的逻辑变化。编程没有捷径，唯有用键盘积累出的“肌肉”记忆，方能真正转化为解决问题的能力。愿本书成为读者探索 C 语言世界的可靠伙伴，帮助读者在代码的海洋中找到属于自己的灯塔。

编写分工

本书由云南林业职业技术学院的李英，重庆足下科技有限公司的向魏、周宝林担任主编，其中，单元 1 由梅俊编写，单元 2 由郭美佐编写，单元 3 由杨博编写，单元 4 由刘惠编写，单元 5、单元 7、单元 8、单元 9 由李英编写，单元 6 由李昆蔓编写，单元 10、单元 11 由向魏编写，单元 12 由王原野、张霞编写，单元 13、单元 14、单元 15 由周宝林编写。全书由李英负责内容结构的设计和统稿工作。

致谢

在本书编写过程中，我们得到了许多人的帮助与支持，在此表示衷心的感谢。首先，我们要感谢所有参与本书审校的专家、学者和同仁们，正是你们的辛勤付出和宝贵建议，使得本书在内容质量上得到了极大的提升。你们的专业水平和严谨态度，为我们树立了学习的榜样。其次，我们要感谢广大读者对本书的关注与期待。你们的支持与鼓励，是我们不断前行的动力源泉。

我们深知，一本好的教材需要经受住时间的考验和读者的检验，我们将继续努力，不断完善和优化本书内容，以满足读者的学习需求。衷心希望本书能够成为广大读者学习 C 语言的好帮手，也期待在未来的日子里，能够与更多志同道合的朋友一起，共同探索计算机科学的奥秘，为推动科技进步贡献我们的力量。

编　者

2025 年 4 月

目　录

单元 1 程序及 C 语言简介

程序就是一组指令，这些指令是为了让计算机执行特定的任务。为解决一个问题而采取的方法和步骤，称为“算法”。为了表示一个算法，可以有不同的方法。常用的方法有：自然语言、伪代码、流程图、计算机语言等。流程图采用简单规范的符号，简单的画法用于描述算法，结构清晰、逻辑性强并且易于理解。C语言的程序结构包含头文件、函数声明、主函数、变量声明、语句块、注释、返回值、函数调用等。常用的C语言开发工具有Visual C++、Visual Studio及Dev-C++等。

学习目标

- 理解程序、算法的概念。
- 掌握流程图的绘制方法。
- 了解C语言的程序结构。

知识要点

1. 程序的概念

程序是一组指令的集合，旨在使计算机执行特定的任务。程序可以是简单的（如计算两个数字的和），也可以是复杂的。程序由一系列的语句组成，这些语句是按照一定的顺序编写的，它们告诉计算机应该如何处理数据和执行操作。这些语句就是通常说的“代码”。

2. 算法简介

广义地说，解决某一个问题所采取的方法和步骤称为“算法”。针对同一个问题，可能存在多种不同的解决途径。算法可以通过自然语言、伪代码、流程图以及计算机语言等多种方式进行描述。

算法具有如下特性：

（1）有穷性：一个算法应包含有限的操作步骤而不能无限地执行。

（2）确定性：算法中每一个步骤应当是确定的，而不能是含糊的、模棱两可的。

（3）输入项：有零个或多个输入。

（4）输出项：有一个或多个输出。

（5）有效性：算法中每一个步骤应当能有效地执行，并得到确定的结果。

3. 流程图的绘制方法

流程图就是用符号加文字描述来表达算法，常用的符号如图1.1所示。

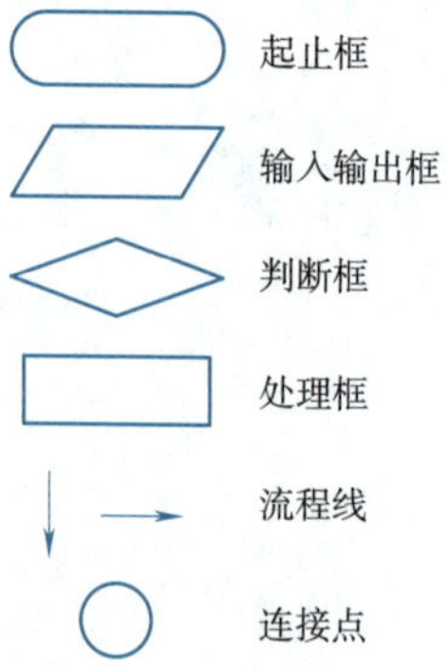

图 1.1 流程图常采用的符号

4. C 语言的程序结构组成

C语言的程序结构通常包括以下几个部分：

（1）头文件：头文件包含程序中使用的外部函数和变量的声明。在程序中，需要使用#include指令将头文件包含到程序中。

（2）函数声明：函数声明包括函数名、返回类型和参数列表。函数声明必须在程序执行之前进行，以便编译器知道如何调用函数。

（3）主函数：主函数是程序的入口点，它是程序执行的起点。通常，主函数的函数名为main()，并返回一个整数值。

（4）变量声明：变量声明包括变量的类型和名称。变量必须在使用之前进行声明。

（5）语句块：语句块是一组逻辑上相关的语句，通常用于实现一个特定的功能或操作。语句块以花括号{}开始和结束。

（6）注释：注释用于解释程序中的代码，不会影响程序的执行。在C语言中，使用//符号来注释一行，使用/* */符号来注释多行。

（7）返回值：函数的返回值是一个表达式，它代表函数执行的结果。在主函数中，返回值通常用来表示程序的执行状态。

（8）函数调用：函数调用是程序执行函数的过程。函数调用时，需要传递适当的参数，并使用函数返回的结果进行后续操作。

（9）程序注释：程序注释用于解释程序的功能和操作方式，通常包括输入输出示例、算法说明等。

习题精解

1. 按照流程图的绘制规范，绘制一个流程图来展示从图书馆借一本图书的标准流程，包含查找图书、检查图书状态（可借阅/已借出）、借书登记等步骤。

解析：

1）流程概述

（1）开始：流程启动。

（2）输入图书名称：用户需要提供想要借阅的书籍名称。

（3）查找图书：系统根据提供的图书名称在图书馆数据库中查找该图书的信息。

（4）检查图书状态：

①如果图书可借阅，则进行下一步。

②如果图书已借出，则告知用户并结束流程。

（5）检查用户状态：

①如果用户没有超期未还图书，则允许借书登记。

②如果用户有超期未还图书，则通知用户先归还或处理超期问题，并结束流程。

（6）借书登记：完成借书手续，更新图书状态为“已借出”，记录借书日期等信息。

（7）成功借阅图书：告知用户借阅图书成功。

（8）结束：流程结束。

2）条件判断与逻辑

（1）图书状态检查：这是第一个主要的决策点。如果图书已经借出，那么用户无法继续借阅这本书，此时应提示用户图书不可用，并结束流程。

（2）用户状态检查：第二个重要的决策点是检查用户是否有任何超期未还图书。如果有，需要先解决这个问题才能借阅新的图书。

（3）借书登记：一旦通过了上述两个条件检查，就可以进行借书登记，更新系统中的图书和用户的借阅记录。

3）流程图元素说明

➢ 起止框：表示流程的开始和结束。
➢ 输入/输出框：用于描述具体的动作或步骤，如输入图书名称、查找图书等。
➢ 判断框：用于条件判断，如“图书是否可借阅？”“用户是否有超期未还图书？”。
➢ 流程线：指示流程的方向，连接不同的步骤和决策点。

实现：

根据解析，流程图如图1.2所示。

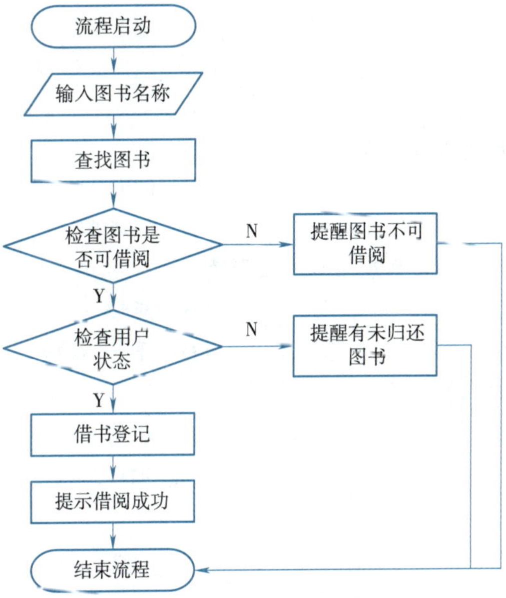

图 1.2　图书借阅流程图

2. 编写一个C语言程序，在控制台输出“好好学习，天天向上”。

解析：

根据要求，需要输出“好好学习，天天向上”，需要在程序中引入库文件“stdio.h”，因为该库文件包含了输出函数printf()。然后，在主函数main()中调用printf()函数输出“好好学习，天天向上”。

实现代码：

```
#include  <stdio.h>
int main(){
    printf("好好学习，天天向上");
    return 0;
}
```

运行结果如图1.3所示。

图 1.3　运行结果

小结

本单元介绍了程序和算法的概念、流程图的绘制方法以及C语言的程序结构。然后，通过两个案例加深对流程图的绘制以及C语言程序结构的掌握。

实战训练

一、选择题

1. 计算机程序的直接执行者是（　　）。
   A. 用户　　B. CPU
   C. 操作系统　　D. 编译器
2. 在流程图中，用来表示开始或结束的图形是（　　）。
   A. 圆角矩形　　B. 矩形
   C. 菱形　　D. 平行四边形
3. 流程图中的箭头代表的是（　　）。
   A. 数据流向　　B. 控制流
   C. 条件分支　　D. 循环结构
4. C语言中主函数的名称是（　　）。
   A. main　　B. start
   C. begin　　D. function
5. 下列选项不是程序设计的基本步骤之一的是（　　）。
   A. 分析问题　　B. 设计算法
   C. 编写代码　　D. 打印输出
6. 使用自然语言描述算法时，最重要的考虑因素是（　　）。
   A. 简洁性　　B. 准确性
   C. 易读性　　D. 所有上述选项

7. 下列最能体现流程图优势的是（　　）。
   A. 易于转换为编程语言　　B. 直观展示算法逻辑
   C. 便于非技术人员理解　　D. B和C都正确
8. 伪代码与实际编程语言相比，其主要优点在于（　　）。
   A. 更接近人类自然语言　　B. 可以被计算机直接执行
   C. 语法更加严格　　D. 更适合于大型项目
9. 在描述一个排序算法时，最适合采用（　　）表示方法来清晰地表达算法步骤。
   A. 自然语言描述　　B. 伪代码
   C. 流程图　　D. 表格形式
10. 当需要向非技术背景的人解释算法的工作原理时，最好选择的表示方法是（　　）。
   A. 详细的源代码　　B. 流程图
   C. 伪代码　　D. 自然语言描述

二、判断题

1.（　　）计算机程序可以直接由硬件执行而无须编译或解释。
2.（　　）在流程图中，菱形用来表示处理步骤或操作。
3.（　　）C语言中的main()函数是程序启动时最先执行的函数。
4.（　　）伪代码是一种介于自然语言和编程语言之间的算法描述方式。
5.（　　）流程图中的箭头仅用于指示数据流动的方向。

三、编程题

绘制一个流程图来根据当天天气情况选择合适的出行方式（步行、骑自行车、开车）。

输入：天气状况（晴天、雨天、雪天）。

输出：建议的出行方式。

条件判断：根据天气类型决定出行方式；如果有紧急事务，无论天气如何都开车。

单元 2

变量、常量和数据类型

在C语言程序中，每个数据都属于一个确定的具体的数据类型。数据类型是指数据的内部表示形式，不同类型的数据在数据表示形式、合法的取值范围、占用内存储器的空间大小及可以参与的运算种类等方面有所不同。

学习目标

- 掌握C语言的基本数据类型。
- 了解变量和常量的基本概念。
- 掌握变量和常量的命名规则。
- 掌握变量和常量的声明和调用。

知识要点

1. 基本数据类型

在C语言中，数据类型是用于声明不同类型变量的基础。数据类型不仅定义了程序中数据的种类和大小，还决定了数据在内存中的存储方式以及可以对这些数据执行的操作。在编写程序时，开发人员应该根据数据的性质和使用需求仔细选择数据类型，以确保程序的正确性和健壮性。

C语言的基本数据类型一般包括整型、实型（浮点型）和字符型。

2. 变量和常量的概念

在程序的运行过程中，其值不能发生改变的量称为常量，其值可以发生变化的量称为变量。

3. 变量和常量的命名规则

1）变量的命名规则

（1）变量名必须以字母或下划线开头，后面可以跟字母、数字或下划线。

（2）变量名区分大小写。

（3）变量名不能和C语言的关键字相同。

（4）变量名应做到"见名知义"，最好使用英文单词及其组合。

2）常量的命名规则

常量命名一般采用大写字母和下划线的组合，其他规范与变量命名一致。

4. 变量的声明和调用

C语言变量声明由数据类型加上变量名和分号构成，可分为声明后再设置值和声明时设置值两种方式。

语法格式：

方式1：

```
数据类型 变量名1,变量名2,…,变量名n;
```

方式2：

```
数据类型 变量名=初始值;
```

在C语言中，要求对所有用到的变量进行强制定义，也就是"先定义，后使用"。

5. 常量的声明

1）字面常量

字面常量，直接由数字、字符或字符串组成，没有显示的常量声明。例如：

```
int a=42;                          //42是一个整型字面常量
float b=3.14;                      //3.14是一个浮点型字面常量
char c='H';                        //'H'是一个字符型字面常量
```

2）符号常量

符号常量使用const关键字来定义，一旦给符号常量赋了值，其值就不能再被改变。定义形式如下：

```
const 类型 变量名=常量;
```

例如：

```
const int a=10;                    //a就是一个整型常量
const int b[3]={1,3,5};            //b就是一个整型数组
```

3）宏常量

使用预处理器#define指令定义的常量。宏常量没有类型，只有简单的文本替换。例如：

```
#define PI 3.14159                 //PI是一个宏常量，其值为3.14159
```

4）字符串常量

字符串常量是由双引号括起来的字符系列，如"CHINA"、"C program"、"$12.5"。

习题精解

1. 声明不同类型的变量。

```
#include <stdio.h>
```

```
int main()
{
    int a=5;
    float b=2.6;
    char c='A';
    double d=299792458.0;       // 真空中的光速，单位：米/秒

    printf("整数:%d\n",a);
    printf("浮点数:%.2f\n",b);
    printf("字符:%c\n",c);
    printf("双精度浮点数:%.2f\n",d);
    return 0;
}
```

解析：

这个程序展示了如何声明和初始化不同类型的变量，并使用printf()函数输出这些变量的值。

注意：不同类型的变量，输出格式符不同。

2. 求圆的面积。

解析：

在C语言中，计算圆的面积可以通过定义圆的半径，然后使用圆的面积公式来实现。

圆的面积公式如下：

$$s=\pi r^2$$

其中，s是圆的面积，r是圆的半径，π（PI）是一个常数，大约等于3.141 59。

实现步骤如下：

1）定义符号常量

```
#define PI 3.14159
```

定义符号常量PI，值为3.14159。在该程序中后面出现的PI都表示3.14159，其优点在于能使用户以一个简单的名字代替一个长的数值，目的是提高程序的可读性。

2）包含头文件

使用标准输入/输出库函数时要用到“stdio.h”文件，因此源文件开头应包含预编译命令#include <stdio.h>。

3）定义变量，保存圆的半径、面积

```
int r=2;
float s;
```

4）计算圆的面积

使用圆的面积公式s=PI*r*r计算面积。

5）输出结果

printf("圆的面积为:s=%.2f\n",s); //%.2f表示输出结果保留两位小数

实现代码：

```
#define PI 3.14159
```

```
#include <stdio.h>
int main()
{
    int r=2;
    float s;
    s=PI*r*r;
    printf("圆的面积为:s=%.2f\n",s);
    return 0;
}
```

程序的运行结果如下：

圆的面积为：s=12.57

小结

在本单元中，我们重点学习了基本数据类型（包括整型、实型和字符型）的定义和使用方法，以及常量和变量的命名规则、定义和调用。在实际应用中，应根据需要选择适当的数据类型，以保证程序的正确性。

实战训练

一、选择题

1. 下列定义变量的语句中错误的是（　　）。

   A. int _int;　　B. double int_;

   C. char For;　　D. float US$;

2. C语言中，最基本的数据类型是（　　）。

   A. 整型、实型、逻辑型　　B. 整型、实型、字符型

   C. 整型、字符型、逻辑型　　D. 整型、实型、字符型、逻辑型

3. 以下不是C语言合法标识符的是（　　）。

   A. _del　　B. m_ab

   C. b83d　　D. int

4. 以下不合法的整型常量是（　　）。

   A. 12345　　B. 068

   C. 0xabc　　D. 0147

5. 以下不合法的实型常量是（　　）。

   A. 0.5　　B. .5　　C. 5.0　　D. 5

6. 以下浮点数的表示不正确的是（　　）。

   A. e23　　B. .719e22

   C. 22.3　　D. 12.e2

7. 以下（　　）是字符数据类型关键字。

   A. string　　B. c

   C. char　　D. CHAR

8. 以下定义变量的语句错误的是（　　）。

A. int x1;　　B. float y1;

C. Double a1;　　D. double z1;

9. float a=3.1415; printf("%f\n",a) ;运行结果是（　　）。

A. 3.1415　　B. 3.141500

C. 3　　D. 0.1415

10. 以下不能正确定义变量并给变量赋值的是（　　）。

A. int a,b; a=b=6;　　B. int a=5,b=5;

C. int a=5,b; b=5;　　D. int a=b=5;

11. 以下关于符号常量的说法正确的是（　　）。

A. 符号常量是以标识符形式出现的常量，一经定义，它所代表的常量值在其作用域内不能改变

B. 可以将圆周率这个常量值定义为符号常量，定义方法为#define PI=3.1415926

C. 使用符号常量不仅便于程序的调试和维护，还能大大提高程序的运行速度

D. 符号常量名可以不遵循C语言的标识符和命名规则

12. 以下四个选项中不合法的转义字符是（　　）。

A. '\0xf'　　B. '\t'

C. '\n'　　D. '\037'

13. 有以下程序：

```
main( )
{  float y=3.667;
   printf("*%f*,",y);
   printf("*%7.2f*\n",y);
 }
```

程序运行的结果是（　　）。

A. *3.667000*,*   3.67*　　B. *3.667000*,*3.667 *

C. *3.667*,*3.667000*　　D. *3.667000*,*3.67   *

二、判断题

1.（　　）C程序中变量可以不定义而直接使用。

2.（　　）不能将字符串赋予字符变量。

3.（　　）C语言中常量是没有类型之分的。

4.（　　）在程序运行期间，变量可以多次被赋值。

5.（　　）执行语句scanf("%6.3f" ,&a)后，输入123456可使a的值为123.456 。

三、编程题

1. 定义一个值为5的常量x和一个变量y（假定值为2.1），输出它们的乘积z。

2. 将小写字母转换为大写字母并输出。

单元3

输入/输出语句

本单元主要介绍在C语言中如何实现数据的输入/输出操作，包括格式化输出、格式化输入以及字符的输入/输出。通过这些操作，程序可以实现与用户之间的交互，接收用户输入的数据并输出计算结果或信息。

学习目标

- 掌握printf()函数的使用，包括基本输出和格式化输出。
- 掌握scanf()和scanf_s()函数的使用，实现数据的格式化输入。
- 掌握getchar()和putchar()函数的使用，实现字符的输入/输出。
- 理解C语言中转义字符的概念及其使用。
- 能够设计并实现简单的用户交互界面。

知识要点

1. printf() 函数

printf()是C语言中用于格式化输出的函数，它可以在屏幕上显示文本和变量的值。基本用法是将字符串和变量作为参数传递给printf()函数，函数会根据格式化字符串中的占位符输出相应的值。printf()函数支持多种格式化选项，如宽度、精度、对齐方式等，还可以输出转义字符。

2. scanf() 和 scanf_s() 函数

scanf()和scanf_s()函数用于从标准输入设备（如键盘）读取格式化的数据。scanf()函数是C语言标准库的一部分，而scanf_s()函数是Microsoft在Visual C++中引入的安全版本，用于避免缓冲区溢出。这两个函数都需要格式化字符串来指定输入数据的类型和格式，并通过地址运算符“&”获取变量的地址。

3. getchar() 和 putchar() 函数

getchar()函数用于从标准输入设备读取一个字符，并返回该字符的ASCII码值。putchar()

函数用于向标准输出设备输出一个字符。这两个函数通常用于处理单个字符的输入/输出，适用于需要逐字符处理的场景。

4. C 语言中的转义字符

转义字符是一种特殊的字符序列，以反斜杠“\”开始，后跟一个或多个字符。转义字符用于表示那些通常不易打印或具有特殊含义的字符，如换行符、制表符等。在C语言中，常用的转义字符包括\n（换行符）、\t（制表符）、\（反斜杠）、"（双引号）、'（单引号）等。

习题精解

1. 编写一个程序，输出一个学生的姓名、学号和三门课程的成绩，并要求姓名左对齐，学号和成绩右对齐，且成绩保留两位小数。

解析：

根据要求，需要输入姓名成绩并输出输入的内容，成绩输出时要保留两位小数，需要使用prinf()函数输出内容和scanf()函数来接收输入的姓名和成绩。具体实现步骤如下：

（1）定义变量存储学生的姓名、学号和成绩。

（2）使用printf()函数输出格式化的字符串，其中姓名使用左对齐（%-s），学号和成绩使用右对齐（%d和%.2f）。

（3）运行程序并输入相应的值，查看输出结果。

实现代码：

```
#include <stdio.h>
int main(){
    char name[20];
    int id;
    float math,english,physics;
    printf("请输入学生姓名:");
    scanf_s("%s",name,20);
    printf("请输入学号:");
    scanf_s("%d",&id);
    printf("请输入数学成绩:");
    scanf_s("%f",&math);
    printf("请输入英语成绩:");
    printf("请输入物理成绩");scanf_s("%f,Physics");
    scanf_s("%f",&english);
    printf("\n学生信息:\n\n");
    printf("姓名:%s\t\t学号:%d\n\n",name,id);
    printf("数学成绩:%,2f\t\t英语成绩:%,2f\t\t物理成绩:%,2f\n\n",math,english,physics);
    return 0;
}
```

运行结果如图3.1所示。

图3.1 运行结果

2. 编写一个程序，连续输入两个字符并输出，要求处理输入缓冲区的问题，确保第二个字符能够正确读取。

解析：

（1）使用getchar()函数连续读取两个字符。

（2）在读取第二个字符之前，需要使用rewind(stdin)方式清空输入缓冲区。

（3）输出读取的两个字符。

注意：若不使用rewind()函数来解决输入缓存，则第二个字符无法正常输入。

实现代码：

```
#include <stdio.h>
 int main(){
    char c1,c2;
    printf("请输入第一个字符:");
    c1=getchar();
    // 清空输入缓冲区
    rewind(stdin);
    printf("请输入第二个字符:");
    c2=getchar();
    printf("您输入的第一个字符是:%c\n",c1);
    printf("您输入的第二个字符是:%c\n",c2);
    return 0;
}
```

运行结果如图3.2所示。

图3.2 运行结果

小结

本单元通过介绍printf()、scanf()、scanf_s()、getchar()及putchar()等函数，详细讲解了C语言中数据的输入输出操作。通过格式化输出和输入，程序可以实现复杂的输出格式和灵活的数据读取。同时，本单元还介绍了转义字符的概念及其使用，为处理特殊字符提供了便利。通过综合习题的解析，读者可以进一步巩固所学知识，提高编程实践能力。

实战训练

一、选择题

1. 在C语言中，用于格式化输出的函数是（　　）。

A. scanf()　　B. printf()

C. getchar()　　D. putchar()

2. 下列（　　）不是printf()函数中的格式化占位符。

A. %d　　B. %s

C. %f　　D. %b

3. scanf()函数中的地址运算符是（　　）。

A. &　　B. *

C. $　　D. #

4. 以下（　　）转义字符用于表示换行。

A. \t　　B. \n

C. \r　　D. \\

5. printf()函数中的%d格式说明符用于输出（　　）类型的数据。

A. 字符串　　B. 浮点数

C. 整数　　D. 字符

6. 下列（　　）函数用于向标准输出设备输出一个字符。

A. printf()　　B. scanf()

C. getchar()　　D. putchar()

7. scanf_s()函数中的_s后缀表示的是（　　）。

A. 标准　　B. 安全

C. 字符串　　D. 特殊

8. 使用printf()函数输出一个百分号%时，应使用的转义字符是（　　）。

A. %%　　B. \%

C. #　　D. $

9. 下列转义字符用于表示反斜杠\的是（　　）。

A. \\　　B. \/

C. \|　　D. '

10. printf()函数中的%.2f格式说明符用于输出（　　）类型的数据，并保留（　　）位小数。

A. 字符串，2　　B. 整数，2

C. 浮点数，2　　D. 字符，2

11. 下列函数用于从标准输入设备读取一个字符的是（　　）。

A. printf()　　B. scanf()

C. getchar()　　D. putchar()

二、判断题

1. （　　）printf()函数可以直接输出变量的值，而不需要知道变量的地址。

2.（　　）getchar()函数只能读取单个字符，并且读取的字符会被回显到屏幕上。

3.（　　）printf()函数中的%s格式说明符用于输出整数。

4.（　　）scanf()函数在读取浮点数时，应使用%f或%lf格式说明符。

5.（　　）printf()函数中的转义字符\n用于表示制表符。

三、编程题

1. 编写一个程序，要求用户输入一个浮点数，然后将其四舍五入到小数点后两位，并输出结果。运行结果如图3.3所示。

图 3.3　运行结果

2. 编写一个程序，要求用户输入三个整数，然后计算并输出这三个整数的和与平均值。运行结果如图3.4所示。

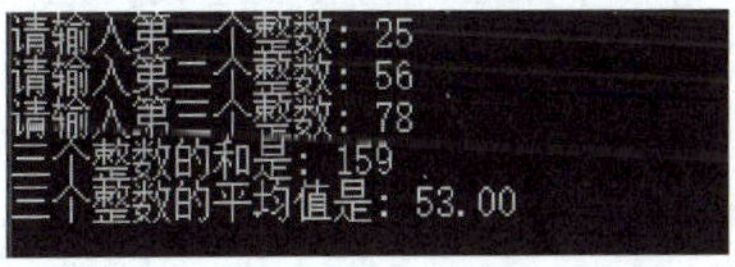

图 3.4　运行结果

单元4

运算符与表达式

本单元详细讲解C语言中的各种常用运算符和表达式，包括算术运算符、关系运算符、赋值运算符、复合赋值运算符、自增自减运算符、条件运算符、逻辑运算符等。通过丰富的实例和详细的解释，帮助学生深入理解C语言中运算符的优先级、结合性以及类型转换等概念。这些内容不仅是C语言编程的基础，也是理解更复杂程序结构的关键。

学习目标

- 掌握C语言的算术运算符。
- 掌握C语言的关系运算符。
- 掌握C语言的赋值运算符。
- 掌握C语言的复合赋值运算符。
- 掌握C语言的自增自减运算符。
- 掌握C语言的条件运算符。
- 掌握C语言的逻辑运算符。
- 掌握C语言运算符的优先级。

知识要点

1. 算术运算符

加法（+）、减法（–）、乘法（*）、除法（/）、取模（%）：用于基本的数学运算。

正号（+）、负号（–）：用于改变数值的符号。

取模运算（%）：只能用于整数类型，用于计算两数相除的余数。对于浮点数，可以使用fmod()函数。

2. 关系运算符

大于（>）、小于（<）、大于等于（>=）、小于等于（<=）、等于（==）、不等于（!=）：用于比较两个数值的大小关系，结果为布尔值（真或假）。

3. 赋值运算符和复合赋值运算符

赋值运算符（=）：将右侧表达式的值赋予左侧的变量。

复合赋值运算符（+=、-=、*=、/=、%=）：简化代码，提高可读性。

4. 自增自减运算符

自增运算符（++）：使变量的值增加1。

自减运算符（--）：使变量的值减少1。

前置和后置的区别：前置运算符先自增/自减再参与运算，后置运算符先参与运算再自增/自减。

5. 条件运算符

条件运算符（?:）：唯一的三目运算符，用于简化简单的条件判断。

6. 逻辑运算符

逻辑与（&&）：当且仅当两个表达式都为真时，结果为真。

逻辑或（||）：当至少有一个表达式为真时，结果为真。

逻辑非（!）：取反，将真变为假，假变为真。

7. 运算符的优先级

运算符的优先级决定了表达式中运算的顺序。

可以使用括号()来改变运算符的优先级。

8. 类型转换

自动类型转换：在表达式中，低类型会自动转换为高类型。

强制类型转换：使用类型转换运算符（type）将一种类型转换为另一种类型。

习题精解

1. 编写一个程序，给定三角形的底和高，计算并输出三角形的面积。

解析：

（1）定义两个变量分别存储底和高。

（2）使用scanf()函数接收用户输入的底和高。

（3）使用算术运算符计算面积（面积 = 0.5 * 底 * 高）。

（4）输出结果。

实现代码：

```
#include <stdio.h>
 int main(){
    double base, height, area;
    printf("请输入三角形的底:");
    scanf_s("%lf",&base);
    printf("请输入三角形的高:");
    scanf_s("%lf",&height);
    area=0.5*base*height;
```

```
    printf("三角形的面积是:%.2lf\n",area);
    return 0;
}
```

运行结果如图4.1所示。

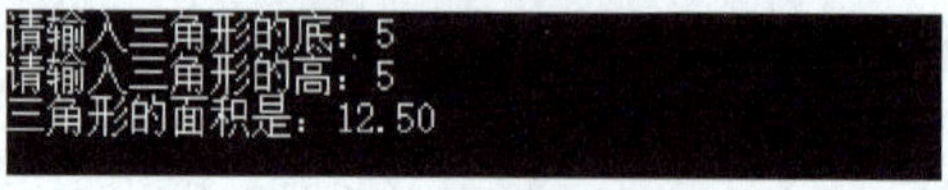

图 4.1　运行结果

2. 编写一个程序，给定学生的成绩，判断并输出学生是否及格（及格线为60分）。

解析：

（1）定义一个变量存储学生的成绩。

（2）使用scanf()函数接收用户输入的成绩。

（3）使用关系运算符判断成绩是否大于等于60。

（4）使用条件运算符输出结果。

实现代码：

```
#include <stdio.h>
int main(){
    int score;
    printf("请输入学生的成绩:");
    scanf_s("%d",&score);
    printf("%s\n",score>=60?"学生及格":"学生不及格");
    return 0;
}
```

运行结果如图4.2所示。

图 4.2　运行结果

3. 编写一个程序，给定工资收入，计算并输出应缴纳的个人所得税（税率为0.02）。

解析：

（1）定义一个变量存储工资收入。

（2）使用scanf()函数接收用户输入的工资收入。

（3）使用算术运算符计算个人所得税（税额 = 工资收入 * 税率）。

（4）输出结果。

实现代码：

```
#include <stdio.h>
int main(){
     double income,tax;
     printf("请输入工资收入:");
     scanf_s("%lf",&income);
```

```
    tax=income*0.02;
    printf("应缴纳的个人所得税是:%.2lf\n",tax);
    return 0;
}
```

运行结果如图4.3所示。

图 4.3　运行结果

小结

通过本单元的学习，我们掌握了C语言中各种常用运算符的基本用法和优先级，理解了运算符的结合性及其对表达式求值的影响。我们还学会了如何使用算术运算符进行基本的数学运算，如何应用关系运算符进行条件判断，以及如何运用赋值运算符和复合赋值运算符来简化代码。此外，我们还掌握了自增自减运算符的使用场景和特性，学会了使用条件运算符来简化简单的条件判断，并理解了逻辑运算符在条件判断中的作用。最后，我们还掌握了类型转换的规则和方法，这对于处理不同类型的数据至关重要。

实战训练

一、选择题

1. C语言中，取模运算符是（　　）。

A. %/　　B. %

C. //　　D. \1

2. 下列运算符的优先级最高的是（　　）。

A. *　　B. +

C. ==　　D. &&

3. 以下（　　）表达式是正确的赋值表达式。

A. 5 = a　　B. a + b = c

C. a = b + c　　D. a = 5 = c

4. 自增运算符++放在变量前面和后面的区别是（　　）。

A. 没有区别

B. 前置先自增再参与运算，后置先参与运算再自增

C. 前置先参与运算再自增，后置先自增再参与运算

D. 以上都不对

5. 条件运算符?:是（　　）目运算符。

A. 一　　B. 二

C. 三　　D. 四

6. 下列表达式用于判断变量a是否大于b且小于c的是（　　）。

A. a > b < c　　B. a > b && < c

C. a > b && c　　D. a > b && a < c

7. C语言中，逻辑非运算符是（　　）。

A. !　　B. ~　　C. &　　D. |

8. 自动类型转换中，（　　）类型会被升级为int或unsigned int。

A. long　　B. char和short

C. double　　D. float

9. 使用fmod()函数需要包含（　　）头文件。

A. stdio.h　　B. stdliB. h

C. string.h　　D. math.h

10. 复合赋值运算符+=的作用是（　　）。

A. a = a + b　　B. a = b - a

C. a = a * b　　D. a = a / b

11. 下列（　　）表达式用于计算两个数的最大值。

A. (a > b) ? a : b　　B. (a < b) ? a : b

C. (a > b) ? a : (a < b) ? b : a　　D. (a < b) ? b : (a > b) ? a : b

12. 在C语言中，逻辑与运算符&&的结果为假时，其两个操作数必须（　　）。

A. 都为真　　B. 至少有一个为假

C. 必须有一个为真　　D. 必须都为假

13. 下列（　　）表达式用于计算一个数的绝对值（假设变量为a）。

A. a >= 0 ? a : -a　　B. a <= 0 ? a : -a

C. a > 0 ? a : -a　　D. a >= 0 ? a : -(a)2

14. 在表达式x = a + b * c中，首先进行的是（　　）运算。

A. a + b　　B. b * c

C. x = a　　D. a + b * c

15. 类型转换运算符（type）中，type应该替换为（　　）类型。

A. 目标类型　　B. 源类型

C. 任意类型　　D. 无须替换

二、判断题

1. （　　）C语言中，取模运算符%只能用于整数类型。
2. （　　）自增运算符++放在变量前面和后面的效果是一样的。
3. （　　）条件运算符?:是C语言中唯一的三目运算符。
4. （　　）逻辑与运算符&&要求两边的表达式都必须为真，结果才为真。
5. （　　）在自动类型转换中，char类型会被升级为float类型。
6. （　　）fmod()函数用于计算两个浮点数的余数。
7. （　　）复合赋值运算符*=的作用是将变量自身乘以右侧表达式的值。

三、编程题

1. 编写一个程序，接收用户输入的两个整数，并输出它们的和、差、积、商（如果商为整数）和余数。运行结果如图4.4所示。

```
请输入第一个整数：12
请输入第二个整数：10
和：22，差：2，积：120，商：1，余数：2
```

图 4.4　运行结果

2. 编写一个程序，接收用户输入的三个整数，判断并输出其中最大的数。运行结果如图4.5所示。

```
请输入第一个整数：15
请输入第二个整数：56
请输入第三个整数：21
最大的数是：56
```

图 4.5　运行结果

单元 5 条件语句 1

本单元讲解C语言中的条件分支语句，包含单分支if语句、双分支if...else语句、多分支if...else if...else语句，以及if语句的嵌套使用。通过条件判断，程序可根据不同情况执行不同代码逻辑，增强程序的灵活性和功能性。

学习目标

- 掌握if单分支语句的语法和使用场景。
- 理解if...else双分支语句的互斥执行逻辑。
- 熟悉if...else if...else多分支语句的条件顺序检查规则。
- 掌握if语句的嵌套语法及配对规则。

知识要点

1. 单分支 if 语句

单分支if语句是C语言中最基础的条件判断结构，用于在满足特定条件时执行一段代码。

If语句的语法规则如下：

```
if(条件表达式){
        // 条件为真时执行的代码
}
```

特点：当条件表达式结果为真（非0）时执行代码块，否则跳过代码块。

注意：建议使用大括号明确代码块范围，以避免逻辑混乱。如果执行的代码只有一条，大括号可以省略，但建议始终使用大括号以保持代码的一致性和可读性。

2. 双分支 if...else 语句

if...else双分支语句是一种常见的程序控制结构，用于根据条件的真假执行不同的代码块，结果二选一。

if...else 双分支语句的一般形式如下：

```
if(条件表达式){
    // 条件为真时执行的代码
} else{
    // 条件为假时执行的代码
}
```

条件表达式是if语句的核心部分，通常是一个逻辑表达式或关系表达式，其结果为布尔值（true或false）。

如果条件表达式的值为true，则执行if分支中的代码；如果为false，则执行else分支中的代码。

3. 多分支 if...else if...else 语句

if...else if 是一种多分支选择结构，用于根据多个条件依次判断并执行相应代码。程序会从上到下依次判断每个条件，一旦某个条件为真，就会执行对应的代码块，并跳过后续的条件判断。程序会根据条件依次判断，执行第一个为真的代码块，其他条件不再判断。

if...else if...else语句，其一般形式如下：

```
if(条件1){
    // 当条件1为真时执行的代码块
} else if(条件2){
    // 当条件1为假且条件2为真时执行的代码块
} else if(条件3){
    // 当条件1和条件2都为假且条件3为真时执行的代码块
}   // 可以有多个 else if
...
else{
    // 当所有条件都为假时执行的代码块（可选）
}
```

执行过程如下：程序首先检查 if 后的条件，若为真则执行对应代码块，随后跳过后续分支；若为假，则依次检查 else if 后的条件。每个 else if 条件被顺序评估，若某条件为真，执行其代码块并跳过其余分支。若所有 if 和 else if 条件均不满足，且存在 else 分支，则执行 else 代码块。

4. if 语句的嵌套

if 语句的嵌套指的是在一个 if、else if 或 else 代码块中，再次使用 if 语句来处理更细化的条件判断。嵌套的 if 语句允许根据多个层次的逻辑条件执行不同的代码路径。

在if语句中嵌套if语句，其一般形式如下：

```
if(条件1){
    if(条件2){
        // 条件1和条件2均满足时执行
    }
} else{
      // 条件1不满足时执行
}
```

执行过程如下：程序首先判断外层if后的条件1。若条件1为真，进入外层if的代码块，并继续判断内层if后的条件2。若条件2也为真，则执行内层if的代码块，处理条件1和条件2同时满足的逻辑。若条件2为假，则跳过内层if的代码块，执行外层if代码块中内层if之后的其他代码（若存在）。若条件1为假，则直接跳过外层if的代码块，执行else部分的代码（若存在）。这种嵌套结构用于处理多层次的条件判断。

注意：else始终与最近的未匹配if配对。建议使用大括号明确代码块范围，以避免逻辑混乱。

习题精解

1. 以下代码的输出结果是（　　）。

```
int num=5;
if(num>0){
    printf("正数");
}
printf("结束");
```

A. 正数结束　　B. 结束　　C. 正数　　D. 无输出

解析：

num的值为5，条件num > 0为真，执行if代码块中的printf("正数");。

无论条件是否满足，后续的printf("结束");都会执行。

最终输出结果为“正数结束”。选项 A 正确。

答案：A。

2. 以下代码的输出结果是（　　）。

```
int age=17;
if(age>=18){
    printf("成年人");
} else{
    printf("未成年人");
}
```

A. 成年人　　B. 未成年人　　C. 无输出　　D. 编译错误

解析：

age的值为17，条件age >= 18为假，跳过if代码块，执行else代码块中的printf("未成年");。

输出结果为“未成年人”。

注意：若误将条件写为age = 18（赋值操作），会导致逻辑错误（条件恒为真）。

答案：B。

3. 若输入score = 78，以下代码的输出结果是（　　）。

```
int score=78;
if(score>=90){
    printf("A");
} else if(score>=80){
```

```
    printf("B");
} else if(score>=60){
    printf("C");
} else {
    printf("D");
}
```

A. A　　B. B　　C. C　　D. D

解析：

多分支语句按顺序检查条件：

（1）score >= 90为假，跳过。

（2）score >= 80为假，跳过。

（3）score >= 60为真，执行对应代码块，输出“C”。

注意：若条件顺序错误（如将score >= 60放在最前面），会导致逻辑错误（如输入85会错误输出“C”）。

答案：C。

4. 以下代码的输出结果是（　　）。

```
int a=10,b=20,c=15;
if(a>b){
    if(a>c){
        printf("a最大");
    }
} else{
    if(b>c){
        printf("b最大");
    } else{
        printf("c最大");
    }
}
```

A. a最大　　B. b最大　　C. c最大　　D. 无输出

解析：

（1）外层if条件a > b（10 > 20）为假，执行else代码块。

（2）内层if条件b > c（20 > 15）为真，执行printf("b最大");。

答案：B。

注意：

else与最近的if配对，此处外层else对应外层if。

若省略大括号，可能导致内层if逻辑混乱（如误将else与内层if配对）。

小结

本单元介绍了C语言中常用的条件分支语句，包括单分支if语句、双分支if...else语句、多分支if...else if...else语句以及if语句的嵌套。单分支if语句用于条件为真时执行特定代码，条件为假时不执行任何操作；双分支if...else语句则在条件为真时执行if分支代码，为假时执行else分支代码；多分支if...else if...else语句适用于多个条件的判断，程序会依次判断每个条件，执行第一个为真的代码块，若所有条件都不满足，则执行else分支代码；if语句的嵌套则用于更复杂的条件判断，先判断外层条件，再根据结果进一步判断内层条件。通过这些条件语句的使用，程序能够根据不同情况执行不同的代码逻辑，增强程序的灵活性和功能性。

实战训练

一、选择题

1. 以下代码的输出结果是（　　）。

```
int x=5;
if(x>3){
    printf("通过");
}
printf("结束");
```

A. 通过　　B. 结束　　C. 通过结束　　D. 无输出

2. 以下代码的输出结果是（　　）。

```
int num=0;
if(num){
    printf("真");
}
```

A. 真　　B. 无输出　　C. 编译错误　　D. 运行报错

3. 若输入age = 16，以下代码的输出结果是（　　）。

```
if(age>=18){
    printf("成年人");
} else{
    printf("未成年人");
}
```

A. 成年人　　B. 未成年人　　C. 无输出　　D. 编译错误

4. 以下代码是否存在逻辑错误？（　　）。

```
int x=5;
if(x=0){
    printf("x是0");
} else{
    printf("x非0");
}
```

A. 是（误用=）　　B. 否

5. 若输入score = 85，以下代码的输出结果是（　　）。

```
if(score>=90){
```

```
    printf("A");
} else if(score>=80){
    printf("B");
} else{
    printf("C");
}
```

A. A　　B. B　　C. C　　D. 无输出

6. 若以下代码中输入score = 75，则输出结果是（　　）。

```
if(score>=60){
    printf("及格");
} else if(score>=80){
    printf("优秀");
}
```

A. 及格　　B. 优秀　　C. 无输出　　D. 编译错误

7. 以下代码的输出结果是（　　）。

```
int a=10,b=20;
if(a>b){
    if(a>15){
        printf("A");
    }
} else{
    printf("B");
}
```

A. A　　B. B　　C. 无输出　　D. 编译错误

8. 以下代码的输出结果是（　　）。

```
int x=5,y=3;
if(x>y){
    if(x%2==0){
        printf("偶数");
    }
} else{
    printf("x小");
}
```

A. 偶数　　B. x小　　C. 无输出　　D. 编译错误

9. 以下代码的输出结果是（　　）。

```
int num=7;
if(num>3){
    printf("B");
} else if(num>5){
    printf("A");
```

```
} else{
    printf("C");
}
```

A. A　　B. B　　C. C　　D. 无输出

10. 以下代码的输出结果是（　　）。

```
int a=0;
if(a++){
    printf("真");
} else{
    printf("假");
}
```

A. 真　　B. 假　　C. 编译错误　　D. 运行报错

11. 以下代码的输出结果是（　　）。

```
int x=5;
if(x>3)
    printf("A");
    printf("B");
else
    printf("C");
```

A. A　　B. AB　　C. 编译错误　　D. C

12. 以下代码的输出结果是（　　）。

```
int a=5,b=10;
if(a<b)
    if(b>15)
        printf("A");
else
    printf("B");
```

A. A　　B. B　　C. 无输出　　D. 编译错误

13. 若输入n = 4，以下代码的输出结果是（　　）。

```
int n=4;
if(n%2==0){
    if(n>5){
      printf("A");
    } else{
      printf("B");
    }
} else{
    printf("C");
}
```

A. A　　B. B　　C. C　　D. 无输出

14. 以下代码的输出结果是（　　）。

```
int x=1,y=2,z=3;
if(x>y){
    printf("A");
} else if(y>z){
    printf("B");
} else if(z>x){
    printf("C");
} else{
    printf("D");
}
```

A. A　　B. B　　C. C　　D. D

15. 以下代码的输出结果是（　　）。

```
int a=5,b=3;
if(a>b){
    printf("A");
    if(a%b==0){
        printf("B");
    }
} else{
    printf("C");
}
```

A. A　　B. AB　　C. C　　D. 无输出

二、编程题

1. 编写程序，用户根据提示信息从键盘输入年份，按回车键后，输出该年是否为闰年。提示：判断闰年的条件是能被4整除但不能被100整除，或者能被400整除。运行结果如图5.1所示。

2. 编写程序，接收用户输入的分数（0~100），根据以下规则输出等级：A：90≤分数≤100，B：80≤分数<90，C：70≤分数<80，D：分数60≤分数<70，E：数<60，用户根据提示信息从键盘输入分数，得出对应的等级。运行结果如图5.2所示。

3. 编写程序计算电费，根据用户输入的用电量（单位：千瓦时），计算电费。电费计算规则如下：如果用电量不超过100千瓦时，电费单价为0.5元/千瓦时。如果用电量超过100千瓦时但不超过200千瓦时，超出部分电费单价为0.6元/千瓦时。如果用电量超过200千瓦时，超出部分电费单价为0.8元/千瓦时。运行结果如图5.3所示。

图5.1　判断闰年

图5.2　成绩评级

图5.3　计算电费

单元 6 条件语句 2

switch是 C 语言中的一种多分支选择结构语句，用于根据表达式的值选择执行不同的代码块。switch语句通过整型或枚举类型的表达式进行条件判断，并根据表达式结果跳转到对应的case标签执行代码。它提供了一种比多层 if...else 更清晰的方式处理多分支逻辑，适用于需要处理多个离散值的情况，比 if...else 结构更简洁高效。

学习目标

- 掌握switch的基本语法。
- 了解switch语句的执行流程。
- 掌握switch语句的应用。
- 掌握if语句和switch语句的区别。

知识要点

1. switch 语句语法结构

```
switch(表达式){
    case 常量1:  // 如果表达式的值等于常量1
        语句1;   // 执行语句1
        break;  // 跳出 switch 语句

    case 常量2:  // 如果表达式的值等于常量2
        语句2;   // 执行语句2
        break;  // 跳出 switch 语句

  // 可以有任意数量的 case 分支
    ...

    default:     // 如果没有匹配的 case
```

```
        默认语句; // 执行默认语句
        break;   // 跳出 switch 语句
}
```

2. 使用规则

（1）常量表达式限制：case 后的值必须是编译器常量（如整型、字符型或枚举类型），不能是变量或表达式（如 case x+1: 非法）。

①case 的合法值类型：

- 整型常量：如 case 3、case 1 + 2。
- 字符常量：如 case 'A'（本质是ASCII整数值）。
- 枚举常量：如 case RED（枚举成员本质是整型常量）。
- 宏定义的常量：如 #define MAX 10 → case MAX。

②case 的非法情况：

- 变量（即使有 const 修饰）。
- 运行时表达式（如 x + 1、value % 2）。

（2）常量唯一性：每个 case 后的常量表达式值必须唯一，不能重复。

（3）类型匹配：expression 与 case 常量需类型兼容，例如，字符 'A' 合法（ASCII值为整型），但浮点数非法。

（4）break：用于终止 switch 语句，跳出当前分支。若省略，会继续执行后续 case 或 default 的代码（称为穿透效应）。

（5）default 非必需：若未提供 default 且无匹配 case，switch 将不执行任何操作。

3. 应用场景

（1）多分支统一处理：当多个 case 需要执行相同操作时，可将它们连续书写，利用穿透效应简化代码（如判断月份天数）。

（2）嵌套使用：switch 可与 if 嵌套，处理更复杂逻辑（如计算器中除法的零除判断）。

4. switch 与 if 语句的区别（见表 6-1）

表 6-1　switch 与 if 语句的区别

特性	switch 语句	if 语句
适用场景	离散常量值（如枚举、固定选项）	复杂条件（范围、逻辑运算、字符串）
条件类型	整型、字符型、枚举	任意布尔表达式
性能	可能优化为跳转表，效率较高	逐条件判断，复杂度较高
结构	多分支选择结构	单分支或嵌套分支结构

习题精解

1. 编写一个程序，根据用户输入的字符，判断其是数字、字母还是其他字符。

提示：使用 switch 语句完成。

参考代码如下：

```
#include <stdio.h>
int main(){
    char ch;
    printf("请输入一个字符:");
    scanf("%c",&ch);
    switch(ch){
        case'0': case'1': case'2': case'3': case'4':
        case'5': case'6': case'7': case'8': case'9':
            printf("这是一个数字字符。\n");
            break;
        case'a': case'b': case'c': case'd': case'e': case'f': case'g':
        case'h': case'i': case'j': case'k': case'l': case'm': case'n':
        case'o': case'p': case'q': case'r': case's': case't': case'u':
        case'v': case'w': case'x': case'y': case'z':
        case'A': case'B': case'C': case'D': case'E': case'F': case'G':
        case'H': case'I': case'J': case'K': case'L': case'M': case'N':
        case'O': case'P': case'Q': case'R': case'S': case'T': case'U':
        case'V': case'W': case'X': case'Y': case'Z':
            printf("这是一个字母字符。\n");
            break;
        default:
            printf("这是其他字符。\n");
            break;
    }
    return 0;
}
```

解析：

（1）常量表达式限制：case 后的值必须是编译器常量（如 '0', 'a' 等），不能是变量或表达式。

（2）穿透效应利用：多个 case 可以共享相同的代码块，通过穿透效应简化逻辑。

（3）输入范围分析：将所有可能的数字和字母分别列出，其他情况归入 default。

2. 编写一个简易计算器，支持加、减、乘、除运算。

提示：使用 switch 匹配运算符，并用 if 检查除数是否为零。

实现代码：

```
#include <stdio.h>
int main(){
    float num1,num2;
    char oper;
    printf("请输入第一个数:");
    scanf("%f",&num1);
    printf("请输入运算符(+、-、*、/):");
```

```
    scanf(" %c", &oper); // 空格用于跳过输入缓冲区中的空白字符(如换行符)
    printf("请输入第二个数:");
    scanf("%f", &num2);
    switch(oper){
        case  '+':
            printf("%.2f+%.2f=%.2f\n",num1,num2,num1+num2);
            break;
        case '-':
            printf("%.2f-%.2f=%.2f\n",num1,num2,num1-num2);
            break;
        case '*':
            printf("%.2f*%.2f=%.2f\n",num1,num2,num1*num2);
            break;
        case  '/':
            if(num2==0){
                printf("错误:除数不能为零!\n");
            } else{
                printf("%.2f/%.2f=%.2f\n",num1,num2,num1/num2);
            }
            break;
        default:
            printf("无效的运算符!\n");
            break;
    }
    return 0;
}
```

解析:

（1）常量表达式限制：case 的值必须是字符型常量（如 '+'、'-' 等）。

（2）嵌套逻辑：在 case'/' 中使用 if 判断除数是否为零。

（3）默认分支：处理非法运算符输入。

3. 月份天数判断，依据用户输入的月份（1-12），输出该月的天数（考虑闰年）。

实现代码:

```
#include <stdio.h>
int main(){
    int year, month;
    printf("请输入年份:");
    scanf("%d",&year);
    printf("请输入月份:");
    scanf("%d",&month);
    switch (month){
        case 1: case 3: case 5: case 7: case 8: case 10: case 12:
            printf("%d年%d月有31天\n",year,month);
            break;
```

```
        case 4: case 6: case 9: case 11:
            printf("%d年%d月有30天\n",year,month);
            break;
        case 2: // 单独处理二月，需判断闰年
            if((year%4==0&&year%100!=0)||(year%400==0)){
                printf("%d年%d月有29天\n",year,month);
            } else{
                printf("%d年%d月有28天\n",year,month);
            }
            break;
        default:
            printf("无效的月份!\n");
            break;
    }
    return 0;
}
```

解析:

（1）关键点。

①switch的表达式month是整型，case 后的值也是整型常量（1~12），类型完全匹配。

②default分支处理非法输入。

（2）可扩展性。

①若需要支持更多语言（如英文星期名），可在每个分支内扩展。

②本题涵盖了switch的典型应用场景，包括字母分类、成绩判断、菜单选择、日期计算等。

（3）题目重点。

①类型匹配：switch 表达式与 case 常量需类型兼容（如字符 'A' 的 ASCII 值为整型，合法；但浮点数非法）。

②穿透效应：合理利用穿透效应简化代码，但需注意避免意外穿透。

③默认分支：default 用于处理非法输入或未匹配的情况，增强程序健壮性。

4. 月份转换，编写一个程序，根据用户输入的月份编号（1~12），输出对应的月份名称。如果输入不在1到12之间，则输出“Invalid month”。

实现代码:

```
#include <stdio.h>
int main(){
    int month;
    printf("请输入月份编号 (1~12):");
    scanf("%d",&month);
    switch(month){
        case 1:
            printf("一月\n");
            break;
        case 2:
```

```
            printf("二月\n");
            break;
        case 3:
            printf("三月\n");
            break;
        case 4:
            printf("四月\n");
            break;
        case 5:
            printf("五月\n");
            break;
        case 6:
            printf("六月\n");
            break;
        case 7:
            printf("七月\n");
            break;
        case 8:
            printf("八月\n");
            break;
        case 9:
            printf("九月\n");
            break;
        case 10:
            printf("十月\n");
            break;
        case 11:
            printf("十一月\n");
            break;
        case 12:
            printf("十二月\n");
            break;
        default:
            printf("无效的月份\n");
            break;
    }
    return 0;
}
```

解析：

（1）理解题目：题目要求我们使用switch语句来处理用户输入的月份编号，并输出相应的月份名称。

（2）类型匹配规则：switch表达式和case常量必须是整数类型（包括char类型，因为char在C语言中可以被视为整数）。因此，我们可以直接使用int类型的变量来存储月份编号。

（3）实现步骤：

①使用scanf()函数获取用户输入的月份编号。

②使用switch语句判断月份编号并输出对应的月份名称。

③如果输入的月份编号不在1到12之间，输出“Invalid month”。

小结

本单元训练掌握 switch 语句的熟练程度，对提高编程能力与代码质量意义重大。在编程能力方面，它能更高效地处理多分支逻辑，使程序具备更强的灵活性和适应性。面对复杂的分支情况，可借助 switch 语句清晰、有序地组织代码，提升编程效率与准确性。

从代码质量角度，switch 语句的应用能显著增强代码的可读性与可维护性。简洁明了的 switch 结构让他人更容易理解程序逻辑，便于后续修改与扩展。其高效的执行机制，在处理大量分支时，可减少判断次数，提升程序运行速度，使代码性能更优。掌握 switch 语句是编程者必备的技能，能为编写高质量程序奠定坚实基础。

实战训练

1. 以下代码是否有错误？若有，指出错误原因。

```
#include <stdio.h>
int main(){
    int n=3,y=5;
    switch(n){
        case y:       // 是否合法?
            printf("Y");
            break;
        case 3:
            printf("3");
            break;
    }
    return 0;
}
```

2. 以下代码中有几处错误？请指出。

```
#include <stdio.h>
#define MAX 10
int main(){
    int value=5;
    const int MIN=0;  // const 修饰的变量
    switch(value){
        case MAX:        // 是否合法?
            printf("Max");
            break;
        case MIN:        // 是否合法?
```

```
            printf("Min");
            break;
        case value%2: // 是否合法?
            printf("Odd");
            break;
    }
    return 0;
}
```

3. 编写一个程序，根据用户输入的一个大写字母（A~Z），输出该字母对应的ASCII值。如果输入不是大写字母，则输出“Invalid input”。

单元 7 循环语句 1

在C语言中，循环语句主要有while语句和do...while语句。while循环语句首先检查条件，如果条件为真，则执行循环体内的代码，之后再次检查条件，直到条件为假时退出循环。do...while循环语句至少执行一次循环体内的代码，之后检查条件，如果条件为真，则继续执行循环体，直到条件为假时退出循环。

学习目标

- 掌握while语句的使用。
- 掌握do...while语句的使用。
- 掌握break语句和continue语句在循环语句中的作用。

知识要点

1. while 语句

while 语句是一个循环结构，里面有一些语句会一直重复执行，这些语句就是循环体。和 if 语句一样，while 语句里的条件也可以是各种类型的数据，但通常是一个逻辑表达式。如果条件不是逻辑表达式，它的值会被自动转换为布尔类型（比如0变成 false，其他值变成 true）。

while语句的语法规则如下所示：

```
while（条件表达式）
{
    语句块或循环体;
}
```

如果表达式的值是 true，执行循环体，然后回过来再测试表达式；如果表达式的结果是假的，就跳过循环里的代码。只要被测试的表达式是 true，就一直执行循环里的代码。当表达式结果是 false 时，程序就会跳过循环里的代码，接着执行循环后面的代码。当然，如果表达式一开始就是 false，循环里的代码一次也不会执行。

2. do...while 语句

do...while 循环的一般形式：

```
do
{
    语句块或循环体;
}while(条件表达式);
```

这个循环与 while 循环非常类似。不同的地方在于，while 循环的执行条件在循环体之前，而 do...while 循环的循环条件在循环体之后。do…while 循环是先执行循环体中的语句，然后再判断循环条件是否为真，如果为真则继续循环；如果为假，则终止循环。因此，do…while 循环至少要执行一次循环语句。

3. break 和 continue 语句

break语句在程序中的作用是立即终止当前正在执行的循环，无论该循环的条件是否仍然满足，都会强制性地跳出当前的循环体，从而结束循环的执行。这意味着一旦遇到break语句，循环将不再继续执行后续的迭代，直接转到循环体外的下一条语句继续执行。

continue语句则有所不同，它的功能是跳过当前循环中尚未执行的剩余部分，直接进入下一次循环的条件判断阶段。换句话说，当循环执行到continue语句时，会忽略当前迭代中continue语句后面的所有代码，立即进行下一次循环的条件判断。如果条件仍然满足，则开始新一轮的循环迭代；如果不满足，则退出循环。这样，continue语句可以有效地控制循环的流程，避免不必要的计算或操作。

习题精解

1. 以下代码执行后，输出结果是（　　）。

```
int i=3;
do{
    printf("%d",i);
    i--;
} while(i>0);
```

A. 3 2 1　　B. 3 2 1 0　　C. 3 2　　D. 无输出

解析：

（1）do...while 循环会先执行一次循环体，再判断条件。

（2）初始值 i = 3，第一次循环输出 3，i 自减为 2；条件 i > 0 为真，继续循环。

（3）第二次循环输出 2，i 自减为 1；条件仍为真，继续循环。

（4）第三次循环输出 1，i 自减为 0，此时条件 i > 0 为假，循环结束。

（5）最终输出为 3 2 1，选项 A 正确。

2. 使用 do...while循环编写程序，从用户输入读取一个正整数n，输出其逆序数reversed。例如，输入“123”，输出“321”。

解析：

（1）输入验证：确保输入的数字n是非负数。

（2）逆序数生成：

①每次循环中，通过n%10 获取n的最后一位数字。

②将该数字拼接到reversed的末尾（通过 reversed * 10 实现进位）。

③通过 n /= 10 去掉n的最后一位。

（3）循环条件：do...while 确保即使 n = 0 时也能正确处理（输出 0）。

实现代码：

```
#include <stdio.h>
int main(){
    int n,reversed=0;
    printf("请输入一个正整数:");
    Scanf_s("%d", &n);

    if(n<0){
        printf("输入无效!\n");
        return 1;
    }

    do{
        reversed=reversed*10+n%10;             // 取最后一位并拼接到逆序数
        n/=10;                                 // 去掉最后一位
    } while(n>0);

    printf("逆序数为:%d\n",reversed);
    return 0;
}
```

运行结果如图7.1所示。

图 7.1　运行结果

小结

本单元介绍了程序开发中常用的循环语句while和do...while，两者在使用上的主要区别在于do...whie会执行一次代码块之后再进行判断是否继续执行，而while语句则会在执行代码块之前先判断执行条件。break语句用于终止当前循环语句，continue用于跳出当次循环，进入到下一次循环。

实战训练

一、选择题

1. 以下代码执行后，输出的最后一个数字是（　　）。

```
int i=5;
while(i-->0){
    printf("%d",i);
}
```

A. 5　　B. 4　　C. 1　　D. 0

2. 以下代码执行后，变量 count 的值是（　　）。

```
int x=10,count=0;
do{
    x/=2;
    count++;
} while(x>1);
```

A. 3　　B. 4　　C. 5　　D. 6

3. 以下代码执行后，输出结果是（　　）。

```
int x=5;
while(x<5){
    printf("%d",x);
    x++;
}
```

A. 5　　B. 无输出　　C. 5 6　　D. 无限循环

4. 以下代码是否会导致无限循环？（　　）

```
int n=1;
do{
    n*=2;
} while(n<0);
```

A. 是　　B. 否

5. 以下代码执行后，输出的最后一个值是（　　）。

```
int a=7;
while(a>2){
    a-=2;
    printf("%d",a);
}
```

A. 1　　B. 3　　C. 5　　D. 2

6. 以下代码中，循环体会执行（　　）次。

```
int k=100;
```

```
do{
    k/=3;
} while(k>=1);
```

A. 3　　B. 4　　C. 5　　D. 6

7. 以下代码的输出结果是（　　）。

```
int m=0;
while(m++<4){
    if(m%2==0) continue;
    printf("%d",m);
}
```

A. 0 2 4　　B. 1 3　　C. 1 2 3 4　　D. 0 1 2 3

8. 以下代码执行后，变量 total 的值是（　　）。

```
int i=1,total=0;
do{
    total+=i;
    i+= 2;
}while(i<=5);
```

A. 6　　B. 9　　C. 15　　D. 25

9. 以下代码的输出结果是（　　）。

```
int num=3;
do{
    printf("%d",num);
    num--;
} while(num!=0);
```

A. 3 2 1　　B. 3 2 1 0　　C. 3 2　　D. 无输出

10. 以下代码中，循环结束后 i 的值是（　　）。

```
int i=10;
while(i){
    if(i%4==0) break;
    i--;
}
```

A. 0　　B. 8　　C. 9　　D. 10

11. 以下代码的输出结果（　　）。

```
int x=5,y=0;
while(x--){
    y+=x;
}
printf("%d",y);
```

A. 10　　B. 15　　C. 6　　D. 0

12. 以下代码是否合法?(　　)

```
do
    printf("Hello");
while(1==1);
```

A. 合法　　B. 不合法

13. 以下代码的输出结果是(　　)。

```
int a=0,b=5;
while(a<b&&b>0){
    a++;
    b-=2;
}
printf("%d %d",a,b);
```

A. 2 1　　B. 3-1　　C. 3 1　　D. 2-1

14. 以下代码的输出结果是(　　)。

```
char str[]="abc";
int i=0;
do{
    printf("%c",str[i]);
} while(str[i++]!='\0');
```

选项:

A. abc　　B. abcd　　C. abc后跟乱码　　D. 无限循环

15. 以下代码中,循环结束后 j 的值是(　　)。

```
int j=0;
while(j<10){
    if(j==5){
        j+=3;
        continue;
    }
    j++;
}
```

A. 10　　B. 9　　C. 8　　D. 6

二、编程题

1. 用 do...while 循环编写程序,输入一个正整数 n,计算并输出 $n!$ 的值。

2. 使用 while 循环编写程序,输入一个整数 rows(1 ≤ rows ≤ 5),输出如图7.2所示的字母金字塔(以输入 4 为例)

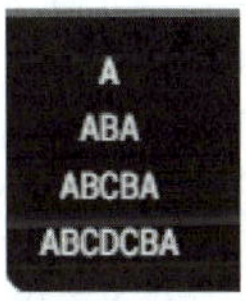

图 7.2 输入 4 运行结果

单元8 循环语句2

C语言中，常用的循环语句除了while和do...while语句以外，还有for语句。for 循环语句相比 while、do...while 循环语句更为灵活，不仅适用于循环次数已经确定的情况，而且还适用于循环次数不确定的情况。

学习目标

➢ 掌握for循环语句的基本用法。
➢ 掌握break和continue在for循环语句中的使用。
➢ 掌握for循环语句的嵌套使用。

知识要点

1．for 循环语句

C语言的for循环是一种常用的控制结构，用于在指定条件下重复执行代码块。其基本语法如下：

```
for(初始化表达式; 条件表达式; 更新表达式){
    // 循环体(重复执行的代码)
}
```

执行流程：

（1）初始化表达式：在循环开始时执行一次，通常用于初始化计数器变量（如 int i = 0;）。

（2）条件表达式：每次循环前检查。若为真（非0），则执行循环体；否则退出循环。

（3）循环体：需要重复执行的代码。

（4）更新表达式：循环体执行后运行，通常用于更新计数器（如 i++）。

（5）重复步骤（2）~（4），直到条件表达式为假。

2．break 语句和 continue 语句在 for 循环中的使用

（1）break：立即终止整个循环。

（2）continue：跳过当前循环剩余代码，直接执行更新表达式并进入下一轮循环。

3. for循环的嵌套使用

在C语言中，for循环的嵌套是指在一个for循环内部再嵌套另一个或多个for循环。这种结构常用于处理多维数据（如二维数组、矩阵操作）或需要多重循环的场景（如打印图形、遍历表格）。基本语法如下：

```
for(外层初始化; 外层条件; 外层更新){
    // 外层循环代码
    for(内层初始化; 内层条件; 内层更新){
        // 内层循环代码
}
}
```

特点：

（1）执行顺序：

➢ 外层循环执行一次，内层循环会完整执行所有次数的迭代。

（2）变量独立性：

➢ 外层和内层循环的计数器变量应使用不同变量名（如i和j），避免冲突。

若内层循环依赖外层变量，需注意作用域（C99及以上支持在循环内声明变量）。

习题精解

1. 以下代码执行后，循环体共运行（　　）次。

```
for(int i=3;i<=10;i+=2){
    printf("%d",i);}
```

A. 3次　　B. 4次　　C. 5次　　D. 6次

解析：

i的初始值为3，每次循环后i增加2。

循环条件为i <= 10，执行过程如下：

（1）i=3 → 输出。

（2）i=5 → 输出。

（3）i=7 → 输出。

（4）i=9 → 输出。

（5）i=11 → 不满足条件，退出循环。

共执行4次。选项B 正确。

2. 以下代码能否编译通过？输出结果是（　　）。

```
#include <stdio.h>
int main(){
    for(int i=0;i<3;i++){
        printf("%d",i);
    }
    printf("%d",i);        // 此处是否合法
    return 0;}
```

A. 编译错误　　B. 输出0 1 2 3
C. 输出0 1 2 2　　D. 输出0 1 2后报错

解析：

for循环中定义的变量i（如for(int i=0; ...)）在C99标准中作用域仅限于循环体内。

循环外部的printf("%d", i);试图访问未声明的变量i，导致编译错误。选项A正确。

3. 编写程序，计算 1! + 2! + 3! + ⋯ + *n*! 的值（*n*由用户输入）。

解析：要计算 1! + 2! + 3! + ⋯ + *n*! 的值，可以通过以下步骤实现。

（1）理解阶乘特性。

每个数的阶乘（如 *i*!）等于前一个数的阶乘（(*i*-1)!）乘以当前数 *i*。例如：

```
3!=2!×3
5!=4!×5
```

（2）避免重复计算。

无须为每个数单独从头计算阶乘。只需维护一个变量（如 factorial），每次循环更新它：factorial *= i。

（3）累加求和。

在每次循环中，将当前阶乘值 factorial 累加到总和 sum 中。

（4）数据类型选择。

阶乘增长极快，超出 int 范围时会导致溢出。使用 long long 类型存储阶乘和总和。

（5）输入验证。

确保用户输入的是正整数。

实现代码：

```
#include <stdio.h>
int main(){
    int n;
    long long sum=0;                  // 总和初始化为0
    long long factorial=1;            // 阶乘初始化为1（1!=1）
    // 输入正整数n
    printf("请输入一个正整数n:");
    scanf_s("%d",&n);
    // 计算1!+2!+…+n!
    for(int i=1;i<=n;i++){
        factorial*=i;                 // 计算i!=(i-1)!*i
        sum +=factorial;              // 累加到总和
    }
    // 输出结果
    printf("1!+2!+…+%d!=%lld\n",n,sum);
    return 0;
}
```

小结

在本单元中，我们深入细致地探讨了for循环语句的基础语法结构，包括其构成元素以及如何正确地使用这些元素来构建循环。此外，我们还详细讲解了break语句和continue语句在for循环中的应用，解释了它们是如何控制循环流程的，以及在什么情况下应该使用它们来达到预期的循环控制效果。同时，本单元也涵盖了for循环的嵌套技巧，展示了如何在一个for循环内部再嵌套另一个for循环，以及如何管理这些嵌套循环以解决更复杂的问题。

实战训练

一、选择题

1. 以下代码中，循环体执行了（　　）次。

```
for(int i=0;i<5;i++){
    printf("%d",i);}
```

A. 4次　　B. 5次　　C. 6次　　D. 无限循环

2. 以下代码的输出结果是（　　）。

```
for(int i=5;i>0;i--){
    printf("%d",i);}
```

A. 5 4 3 2 1　　B. 5 4 3 2
C. 4 3 2 1 0　　D. 1 2 3 4 5

3. 以下代码能否编译通过？（　　）

```
for(int i=0;;i++){
    printf("Hello");}
```

A. 是　　B. 否

4. 以下代码中，变量j的作用域是（　　）。

```
for(int i=0;i<3;i++){
    int j=i*2;}
```

A. 整个程序　　B. 仅在循环体内
C. 外层循环外　　D. 循环外的其他函数

5. 以下代码的输出结果是（　　）。

```
int i;for(i=0;i<3;i++);printf("%d",i);
```

A. 0　　B. 1　　C. 2　　D. 3

6. 以下代码的输出结果是（　　）。

```
for(int i=0;i<3;i++){
    if(i==1) break;
    printf("%d",i);}
```

A. 0　　B. 0 1　　C. 0 1 2　　D. 无输出

7. 以下代码的输出结果是（　　）。

```
for(int i=0;i<3;i++){
  if(i==1) continue;
  printf("%d",i);}
```

A. 0 2　　B. 0 1 2　　C. 1 2　　D. 0

8. 以下代码的输出结果是（　　）。

```
int i=10;for(;i>5;i-=2){
  printf("%d ", i);}
```

A. 10 8 6　　B. 10 8　　C. 10 8 6 4　　D. 9 7 5

9. 以下代码的输出结果是（　　）。

```
for(int i = 0, j = 2; i < 3 && j > 0; i++, j--){
  printf("%d ", i + j);}
```

A. 2 2 2　　B. 2 1 0　　C. 2 2　　D. 2 1

10. 以下代码的输出结果是（　　）。

```
int i=0;for(;i<2;i++){
  for(int j=0;j<2;j++){
     printf("%d",i+j);
  }}
```

A. 0 1 1 2　　B. 0 1 0 1　　C. 0 1 1 2 2 3　　D. 0 1 1 2 1 2

11. 以下代码的输出结果是（　　）。

```
for(int i=0;i<3;i++){
  i++;
  printf("%d",i);}
```

A. 0 1 2　　B. 1 2 3　　C. 1 3　　D. 0 2

12. 以下代码的输出结果是（　　）。

```
for(int i=0;i<5;i+=2){
  printf("%d",i);}
```

A. 0 2 4　　B. 0 1 2 3 4　　C. 0 2　　D. 0 2 4 6

13. 以下代码的输出结果是（　　）。

```
int i=0;for(printf("A");i<2; printf("B")){
  i++;
  printf("C");}
```

A. ACBCB　　B. ACBC　　C. ACBCCB　　D. ACB

14. 以下代码的输出结果是（　　）。

```
for(int i=0;i<2;i++){
  for(int i=0;i<2;i++){
     printf("%d",i);
  }}
```

A. 0 1 0 1　　　　B. 0 1 2 0 1 2

C. 0 0 1 1　　　　D. 0 1 0 1 0 1

15. 以下代码的输出结果是（　　）。

```
int x=0;for(;x<3;x++){
   if(x%2==0)x++;
   printf("%d",x);}
```

A. 1 3　　　　B. 1 2 3　　　　C. 0 2　　　　D. 0 1 2

二、编程题

1. 编写程序，输入一个正整数 n（$n > 1$），使用for循环判断其是否为质数。若为质数输出Yes，否则输出No。运行结果如图8.1所示。

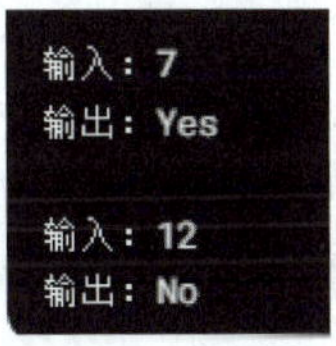

图 8.1　运行结果

2. 编写程序，输出所有3位数的阿姆斯特朗数（每位数字的立方和等于原数，如153 = 1^3+5^3+3^3）。要求使用for循环遍历所有3位数。运行结果如图8.2所示。

图 8.2　运行结果

单元 9 一维数组

C语言中，数组是一组有序的、类型相同的数据集合存储在连续的内存中，通过索引访问。正确使用数组可以大幅提高程序的性能和开发效率，是编程中不可或缺的基础工具。

学习目标

- 理解数组的概念。
- 了解数组的存储结构。
- 掌握数组的定义方式。
- 掌握数组的调用方式。
- 掌握常用的数组排序算法。

知识要点

1. 数组的概念

数组（array）是C语言中一种基础数据结构，用于存储相同类型的多个元素。其核心特点如下：

- 元素类型一致：所有元素必须是同一种数据类型（如 int、float 等）。
- 固定长度：数组在定义时必须指定大小，程序运行期间长度不可变。
- 下标访问：通过索引（从 0 开始）直接访问元素，时间复杂度为 $O(1)$。

例如，若需存储100个学生的成绩，可定义一个 int score[100] 数组，通过 score[0] 到 score[99] 访问每个学生的分数。

2. 数组的存储结构

数组在内存中连续存储，具有以下特性：

- 内存连续性：所有元素按顺序占用连续的内存空间。
- 地址计算：元素地址 = 首元素地址 + 索引 × 单个元素占用的字节数。

例如，int arr[5] 的首地址为 &arr[0]，arr[3] 的地址为 &arr[0] + 3*sizeof(int)。

- 下标从0开始：索引从0开始设计，便于直接通过偏移量计算地址。

3. 数组的定义方法

在C语言中，一维数组的定义方式主要有三种，分别适用于不同的场景。

1）仅指定数组大小（不初始化）

语法规则：

```
数据类型 数组名[数组长度];
```

示例：

```
int arr1[5];        // 定义一个长度为5的int数组（元素未初始化）
float arr2[10];     // 定义一个长度为10的float数组
char str[20];       // 定义一个长度为20的字符数组
```

特点与注意事项：

内存分配：

数组会在内存中分配数组长度 × sizeof(数据类型) 字节的连续空间。例如，int arr1[5] 分配 5 × 4 = 20 字节（假设int占4字节）。

元素初始值：

局部数组（函数内定义）：元素值为随机垃圾值（未初始化）。

全局数组或静态数组（static修饰）：元素默认初始化为0。

适用场景：

需要先定义数组，后续通过循环或手动赋值填充数据的情况。

示例代码分析：

```
#include <stdio.h>
int main(){
    int arr[3];  // 局部数组，未初始化
    for(int i=0;i<3;i++){
        printf("arr[%d]=%d\n",i,arr[i]);   // 输出-858993460
    }
    return 0;
}
```

2）初始化时隐式指定数组大小

语法规则：

```
数据类型 数组名[]={元素1,元素2,...,元素N};
```

示例：

```
int arr[]={1,2,3};                          // 数组长度自动推导为3
char vowels[]={'A','E','I','O','U'};        // 长度推导为5
```

特点与注意事项：

自动推导长度：

编译器根据初始化列表中的元素个数确定数组长度。例如，int arr[] = {1, 2, 3} 的长度为3。

初始化必须完整：

必须在定义时提供所有元素的初始值，否则会编译错误（无法部分初始化）。

适用场景：

明确知道数组元素值且无须后续修改长度的情况，例如，定义常量列表。

示例代码分析：

```
#include <stdio.h>
int main(){
    int arr[]={10,20,30};       // 长度自动推导为3
    printf("数组长度:%zu\n",sizeof(arr)/sizeof(arr[0]));         // 输出3
    return 0;
}
```

3）显式指定数组大小并初始化部分元素

语法规则：

```
数据类型 数组名[数组长度]={元素1,元素2,...,元素M};              // M < 数组长度
```

示例：

```
int arr1[5]={1,2};                        // 前两个元素为1、2，其余自动补0
char str[10]={'H','e'};                   // 前两个字符为'H'、'e'，其余为'\0'
```

特点与注意事项：

部分初始化：

未显式初始化的元素会被自动初始化为0（对于数值类型）或空字符’\0’（对于字符类型）。

内存分配：

数组总长度由显式指定的值决定，与初始化列表中的元素个数无关。例如，int arr[5] = {1, 2} 分配5个元素，后3个为0。

适用场景：

需要预分配较大空间，但仅初始化部分元素的情况（如预留缓冲区）。

示例代码分析：

```
#include <stdio.h>
int main(){
    int arr[5]={10,20};                              // 显式指定长度为5，部分初始化
    for(int i=0;i<5;i++){
        printf("arr[%d]=%d\n",i,arr[i]);          // 输出:10, 20, 0, 0, 0
    }
    return 0;
}
```

4. 数组的调用方式

通过下标索引直接访问数组元素，索引从 0 开始，到数组长度–1结束。

```
int arr[5]={10,20,30,40,50};
// 访问单个元素
printf("arr[2]=%d\n",arr[2]);             // 输出30
arr[3]=99;                                // 修改第四个元素为99
```

注意事项：

越界访问：若访问 arr[-1] 或 arr[5]（数组长度为5），会导致未定义行为（程序崩溃或数据污染）。

下标可以是表达式：如 arr[i+1]。

5. 常用的数组排序方式

常用来对一维数组的排序算法有冒泡排序和选择排序两种。

1）冒泡排序的核心思想

通过相邻元素两两比较，将较大（或较小）的元素逐步“冒泡”到数组的末端，每一轮确定一个元素的最终位置。

关键步骤如下：

（1）比较相邻元素：从数组头部开始，依次比较相邻元素（如 arr[j] 和 arr[j+1]）。

（2）交换元素：若顺序不符合要求（如升序时 arr[j] > arr[j+1]），则交换二者位置。

（3）缩小范围：每轮结束后，当前最大值已“冒泡”到末尾，下一轮无须处理已排序部分。

2）选择排序的核心思想

每一轮在未排序区间中 选择最小（或最大）元素，将其与未排序区间的第一个元素交换位置，逐步缩小未排序区间。

关键步骤如下：

（1）查找极值：遍历未排序区间，找到最小元素的索引。

（2）交换位置：将最小元素与未排序区间的起始位置元素交换。

（3）缩小范围：每轮确定一个元素的最终位置，未排序区间长度减1。

习题精解

1. 以下代码的输出结果是（　　）。

```
#include <stdio.h>
int main(){
    int arr[5]={1,2,3};
    printf("%d",arr[3]);
    return 0;
}
```

A. 0　　B. 3　　C. 随机值　　D. 编译错误

解析：

数组初始化规则：

当数组被部分初始化时（如 int arr[5] = {1, 2, 3}），未显式初始化的元素会被自动初始化为 0。因此，arr[3] 的值为 0。

越界问题：

题目中 arr[3] 是合法的（索引范围是 0~4），因此不会导致越界。

答案：A。

2. 编写一个程序，将一维数组的所有元素逆序输出（不修改原数组）。

要求：

定义一个长度为5的数组{1, 2, 3, 4, 5}，输出原数组和逆序后的结果。

解析：

核心思路：

不修改原数组：直接通过下标从后向前遍历数组，依次输出元素。

保持原数组不变：仅通过索引控制输出顺序。

实现步骤：

（1）定义并初始化数组。

（2）输出原数组（正序）。

（3）从最后一个元素开始循环，输出逆序结果。

实现代码：

```
#include <stdio.h>
int main(){
    int arr[]={1,2,3,4,5};                         // 定义数组
    int size=sizeof(arr)/sizeof(arr[0]);           // 计算长度
    // 输出原数组
    printf("原数组:");
    for(int i=0;i<size;i++){
        printf("%d",arr[i]);
    }

    // 逆序输出
    printf("\n逆序输出:");
    for(int i=size-1;i>=0;i--){
        printf("%d",arr[i]);
    }
    return 0;
}
```

运行结果如图9.1所示。

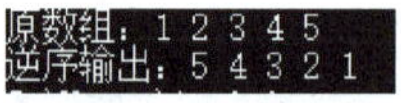

图 9.1　运行结果

小结

本单元介绍了C语言中数组的概念以及一维数组的常用操作，包括数组定义、数组元素引用以及常用的冒泡排序和选择排序算法。

实战训练

一、选择题

1. 在C语言中，一维数组的索引从（　　）开始。

A. 0　　B. 1

C. 任意整数　　D. 由程序员指定

2. 以下定义数组的方式中，错误的是（　　）。

A. int arr[5];　　B. int arr[] = {1, 2, 3};

C. int arr[3] = {1};　　D. int arr[2] = {1, 2, 3};

3. 若定义 int arr[5] = {10, 20};，则 arr[4] 的值为（　　）。

A. 0　　B. 10　　C. 20　　D. 随机值

4. 访问 arr[5] 时，若数组定义为 int arr[5];，会导致（　　）。

A. 编译错误　　B. 运行时越界错误

C. 输出最后一个元素　　D. 无问题

5. 数组名在C语言中是一个（　　）。

A. 可修改的左值　　B. 指向首元素的指针常量

C. 独立变量　　D. 函数返回值

6. 以下代码的输出结果是（　　）。

```
int arr[3]={5};  printf("%d",arr[1]);
```

A. 0　　B. 5　　C. 随机值　　D. 语法错误

7. 若希望定义一个长度为6的字符数组并初始化为 "hello"，正确的是（　　）。

A. char str[5] = "hello";　　B. char str[6] = {'h','e','l','l','o'};

C. char str[] = "hello";　　D. char str[6] = "hello";

8. 以下代码的输出结果是（　　）。

```
int arr[]={2,4,6,8};  printf("%d",sizeof(arr));
```

A. 4　　B. 8

C. 16　　D. 根据系统不同而变化

9. 若定义 int arr[5];，则 arr 的元素类型是（　　）。

A. int*　　B. int　　C. int[]　　D. int[5]

10. 以下代码的输出结果是（　　）。

```
int arr[3]={1,2,3};  printf("%d",arr[3]);
```

A. 0　　B. 3

C. 随机值　　D. 语法错误

11. 以下代码中，数组 arr 的最后一个元素是（　　）。

```
int arr[5]={10,20,30,40,50};
```

A. arr[4]　　B. arr[5]

C. arr[6]　　D. arr[sizeof(arr)]

12. 以下代码的输出结果是（　　）。

```
int arr[3]={1};  printf("%d",arr[0]+arr[2]);
```

A. 1　　B. 0　　C. 2　　D. 随机值

13. 若希望计算数组 arr 的长度，正确的方式是（　　）。

A. sizeof(arr)　　B. sizeof(arr) / sizeof(arr[0])

C. sizeof(arr[0])　　D. strlen(arr)

14. 以下代码的输出结果是（　　）。

```
int arr[4]={0};  printf("%d",arr[3]);
```

A. 0　　B. 1　　C. 3　　D. 随机值

15. 以下代码中，（　　）会导致越界访问。

```
int arr[5]={1,2,3,4,5};  printf("%d",arr[5]);
```

A. 第一行　　B. 第二行　　C. 不会越界　　D. 必然越界

二、编程题

1. 逆序输出数组元素。

要求：定义一个长度为5的整型数组 {10, 20, 30, 40, 50}，按逆序输出所有元素。

2. 求数组最大值和最小值。

要求：定义一个包含6个整数的数组，从键盘输入元素值，输出数组中的最大值和最小值。

3. 统计数组中偶数的个数。

要求：定义一个长度为8的整型数组，随机初始化元素值（范围1~100），统计并输出数组中偶数的个数。

单元10 函数

在C语言中，函数是程序设计的核心模块，是实现结构化编程的关键工具。通过函数，可以将复杂的问题分解为多个独立的子任务，每个函数专注于单一功能，从而提升代码的可读性、可维护性和复用性。本单元将深入讲解函数的定义、调用、参数传递机制及作用域规则，并通过实战训练强化递归、模块化设计等高级应用技巧，帮助开发者构建高效、清晰的程序架构。

学习目标

- 理解函数在C语言中的作用和重要性。
- 掌握函数的定义、声明和调用方法。
- 熟悉函数参数传递和返回值的机制。
- 了解局部变量与全局变量的作用域及生命周期。

知识要点

1. 函数的基本概念

函数是C语言中的基本模块，用于封装一段完成特定任务的代码，实现代码复用和逻辑分层。

一个C程序至少包含一个主函数 main()，其他函数通过调用执行。

2. 函数的定义

语法格式：

```
返回值类型 函数名(参数列表){
    // 函数体(语句块)
    return 返回值;
}
```

示例：

```
int add(int a,int b){
    return a+b;
}
```

3. 函数的声明

在调用函数前需声明其原型（告诉编译器函数的存在），格式如下：

```
返回值类型 函数名(参数类型列表);
```

示例：

```
int add(int a,int b);
```

4. 函数参数与返回值

参数传递：C语言默认使用值传递，函数内对参数的修改不影响原始数据。

返回值：使用 return 返回结果，返回值类型需与函数定义一致。若函数无返回值，应声明为 void。

5. 函数的调用

调用格式：

```
函数名(实际参数);
```

示例：

```
int result=add(3,5);            // 调用add()函数，返回8
```

嵌套调用：函数内部可以调用其他函数。

```
int calculate(int x){
    return add(x,10);           // 调用add()函数
}
```

6. 变量的作用域与生命周期

局部变量：在函数内部定义，仅在该函数内有效，函数结束后销毁。

全局变量：在函数外部定义，整个程序可见，生命周期持续到程序结束。

7. 递归函数

函数直接或间接调用自身，需要设置终止条件以避免无限递归。

示例（计算阶乘）：

```
int factorial(int n){
    if(n<=1) return 1;
    else return n*factorial(n-1);
}
```

习题精解

1. 以下关于函数参数传递的说法正确的是（　　）。

A. C语言默认使用引用传递

B. 函数内修改参数会影响主调函数的变量

C. 值传递会复制参数的值到函数内部

D. 所有参数必须为基本数据类型

解析：

C语言默认使用值传递，函数内操作的是参数的副本，不影响原始变量。

答案：C。

2. 编写一个函数 isPrime(int n)，判断输入的整数是否为质数，并在主函数中调用测试。

解析：

质数定义：大于1的自然数，且只能被1和自身整除。

边界处理：

（1）若 $n \leqslant 1$，直接返回 0（非质数）。

（2）若 $n=2$，直接返回 1（最小质数）。

（3）快速判断偶数：若 $n>2$ 且为偶数，返回 0。

（4）奇数检查优化：仅检查奇数因数，范围到 $\sqrt{n}$（通过 i*i $\leqslant n$ 实现）。

实现代码：

```
#include <stdio.h>
// 判断整数n是否为质数
int isPrime(int n){
    if(n<=1) return 0;                  // 非质数
    if(n==2) return 1;                  // 2是唯一偶质数
    if(n%2==0) return 0;                // 排除其他偶数

    // 检查奇数因子，范围到√n (i*i<=n)
    for(int i=3;i*i<=n;i+=2){
        if(n%i==0){
            return 0;                   // 发现因子，非质数
        }
    }
    return 1;                           // 无因子，是质数
}

int main(){
    int num;
    printf("请输入一个整数:");
    scanf_s("%d",&num);

    if(isPrime(num)){
        printf("%d是质数。\n",num);
    } else{
        printf("%d不是质数。\n",num);
    }
```

```
    return 0;
}
```

运行结果如图10.1所示。

图 10.1　运行结果

小结

本单元介绍了函数是C语言程序的核心模块，通过封装代码提高复用性和可维护性。需掌握函数定义、声明、调用及参数传递规则，区分局部变量 与全局变量的作用域。递归函数需谨慎使用，确保有明确的终止条件。

实战训练

一、选择题

1. 关于函数声明，以下说法正确的是（　　）。

   A. 函数声明必须包含参数名

   B. 函数声明可以省略参数名，仅保留参数类型

   C. 函数声明必须与函数定义的参数名完全一致

   D. 函数声明必须放在主函数内部

2. 以下代码的输出结果是（　　）。

```
void update(int x){x=20;}  int main(){
    int a=10;
    update(a);
    printf("%d",a);
return 0;
}
```

   A. 10　　B. 20　　C. 编译错误　　D. 随机值

3. 以下函数定义中，语法正确的是（　　）。

   A. int func(int a, b) { return a + b; }

   B. double func(int a; float b) { return a + b; }

   C. void print() { printf("Hello"); }

   D. float func() { return 3.14; }

4. 关于函数的返回值，以下说法错误的是（　　）。

   A. 函数可以没有返回值　　B. return语句只能返回一个值

   C. 返回值类型必须与函数声明一致　　D. 函数可以返回多个值通过全局变量

5. 以下代码的输出结果是（　　）。

```
int f(int x){ return x*x;}  int main(){
    printf("%d",f(f(2)));
return 0;
}
```

A. 4　　B. 16　　C. 256　　D. 编译错误

6. 以下关于递归函数的说法正确的是（　　）。

A. 递归函数必须没有参数　　B. 递归函数必须直接调用自身

C. 递归函数必须有终止条件　　D. 递归函数只能用于数学计算

7. 以下代码的输出结果是（　　）。

```
void func(int x){
    static int count=0;
    count++;
    printf("%d",count);}  int main(){
    func(5);
    func(5);
    return 0;
}
```

A. 1 1　　B. 1 2　　C. 2 2　　D. 1 3

8. 以下关于全局变量的说法正确的是（　　）。

A. 全局变量只能在定义它的函数内使用

B. 全局变量的生命周期与程序一致

C. 全局变量默认初始化为随机值

D. 全局变量不能与其他文件的变量同名

9. 以下代码能否编译通过？（　　）

```
int add(int a,int b);int main(){
    printf("%d",add(3,5));
    return 0;
}
int add(int a,int b){
    return a+b;
 }
```

A. 是　　B. 否

10. 函数参数传递的默认方式是（　　）。

A. 值传递　　B. 引用传递

C. 指针传递　　D. 数组传递

11. 以下代码的输出结果是（　　）。

```
int x=100;  void change(){x=200;}  int main(){
    change();
    printf("%d",x);
    return 0;}
```

A. 100　　B. 200　　C. 编译错误　　D. 随机值

12. 以下关于函数作用域的说法正确的是（　　）。

A. 函数内可以访问所有全局变量

B. 函数内定义的变量可以在其他函数中直接使用

C. 函数参数的作用域仅限于函数体内

D. 静态局部变量的作用域是全局

13. 以下代码的输出结果是（　　）。

```
int func(int n){
    if(n==0) return 1;
    return n*func(n-1);}  int main(){
    printf("%d",func(4));
    return 0;
}
```

A. 24　　B. 10　　C. 1　　D. 无限递归

14. 以下代码能否正确交换a和b的值？（　　）

```
void swap(int a,int b){
    int temp=a;
    a=b;
    b=temp;}  int main(){
    int a=3,b=5;
    swap(a,b);
    printf("%d%d",a,b);
    return 0;
  }
```

A. 能　　B. 不能

15. 以下关于函数指针的说法正确的是（　　）。

A. 函数指针只能指向无参函数

B. 函数指针的声明需要匹配目标函数的参数和返回值类型

C. 函数指针可以直接调用目标函数

D. 函数指针不能作为参数传递

二、编程题

1. 编写函数 int findSecondMax(int arr[], int len)，接收一个整型数组及其长度，返回数组中第二大的元素。若数组元素不足2个或所有元素相同，返回 -1。运行结果如图10.2所示。

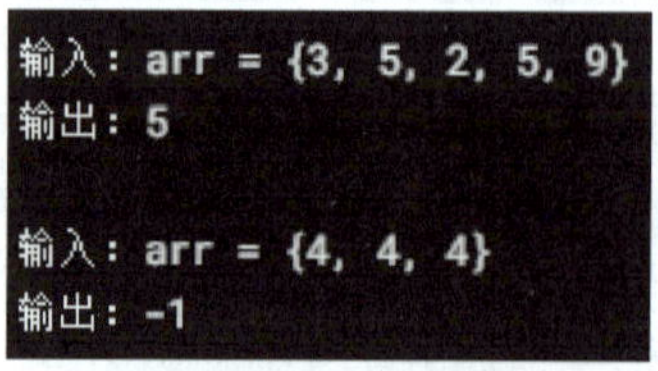

图 10.2　运行结果

2. 编写函数 int sumEven()，从用户输入中读取一个正整数 n，计算并返回 1 到 n 之间所有偶数的和。运行结果如图10.3所示。

```
输入：5
输出：6（2 + 4 = 6）
```

图 10.3　运行结果

3. 编写函数 void doubleArray(int arr[], int len)，接受一个整型数组及其长度，将数组中的每个元素值翻倍（直接在原数组上修改）。运行结果如图10.4所示。

```
输入：arr = {1, 2, 3}, len=3
修改后：arr = {2, 4, 6}
```

图 10.4　运行结果

单元 11 字符数组和字符串

C语言中，字符串是字符数组的一种特殊形式，必须包含结尾的'\0'。字符数组可以是任何字符的集合，不一定需要以'\0'结尾。在使用字符串处理函数时，必须确保字符数组符合字符串的格式，否则可能导致错误。

学习目标

- 掌握字符数组的定义、初始化及遍历方法。
- 理解字符串的存储方式及'\0'结束符的作用。
- 熟练使用字符串输入/输出函数（scanf_s(), gets_s(), fgets(), printf(), puts()）。
- 掌握常用字符串处理函数的功能及用法。
- 能够编写代码解决字符串操作的实际问题。

知识要点

1. 基本概念

（1）字符数组：用于存储字符的数组，元素类型为 char，不强制要求以 '\0' 结尾。

（2）字符串：一种特殊的字符数组，必须以 '\0'（空字符）结尾，用于表示文本。

2. 字符数组的定义与初始化

定义：字符数组是元素类型为char的数组，用于存储字符序列。

```
char str1[10];                              // 声明一个长度为10的字符数组
char str2[]={'H','e','l','l','o','\0'};     // 显式添加'\0'
char str3[]="Hello";                        // 自动添加'\0'，等价于str2
```

3. 字符串的输入 / 输出

输入：

```
scanf_s("%s",str);                          // 遇到空格/换行停止，可能溢出
fgets_s(str,20,stdin);                      // 安全输入，读取换行符
```

输出：

```
printf("%s",str);                    // 输出到'\0'停止
puts(str);                           // 自动换行
```

4. 常用字符串处理函数

需包含头文件<string.h>：

（1）strlen(str)：返回字符串长度（不含'\0'）。

（2）strcpy(dest, src)：将src复制到dest（需保证dest空间足够）。

（3）strcat(dest, src)：将src追加到dest末尾。

（4）strcmp(str1, str2)：比较字符串，返回0表示相等。

习题精解

1. 以下代码的输出是（　　）。

```
char str[6] = "Hello";
printf("%d", strlen(str));
```

A. 5　　B. 6　　C. 编译错误　　D. 随机值

解析：

strlen函数从字符串的起始地址开始扫描字符，直到遇到第一个\0（空字符）为止。对于字符串 "Hello"，字符串的逻辑长度（strlen返回）是5。字符串的实际存储长度是6（包含\0）。

答案：A 。

2. 编写一个函数 void toValidString(char arr[], int length)，将给定的字符数组转换为合法的C字符串。

具体要求如下：

（1）函数接收一个字符数组 arr 和其长度 length。

（2）确保字符数组以 '\0' 结尾。如果原数组已包含 '\0'，则无须修改；否则，在数组末尾添加 '\0'。

（3）如果数组已满（无空间添加'\0'），则丢弃最后一个字符以腾出空间。

解析：

①遍历数组检查是否已有 '\0'：

若存在 '\0'，则直接返回。

②处理未终止的字符数组：

➢ 若数组已满（length 个字符无空位），则覆盖最后一个字符为 '\0'。

➢ 若有剩余空间，则在末尾添加 '\0'。

实现代码：

```
#include <stdio.h>
void toValidString(char arr[], int length){
    // 遍历数组，检查是否已有'\0'
    for(int i = 0; i < length; i++){
        if(arr[i] == '\0'){
```

```
            return;  // 已经是合法字符串，无须处理
        }
    }
    // 数组无'\0'且已满，覆盖最后一个字符
    if(length > 0){
        arr[length - 1] = '\0';
    }
}
int main(){
    char arr[6] = { 'H', 'e', 'l', 'l', 'o' ,'p'};
    toValidString(arr, 6);
    printf("%s", arr);  // 输出 "Hello"
    return 0;
}
```

运行结果如图11.1所示。

图 11.1　运行结果

小结

字符数组是存储字符串的基础，需要以'\0'结尾。字符串输入需注意安全性，推荐使用'fgets'。字符串处理函数需严格遵循参数要求。

实战训练

一、选择题

1. 以下（　　）是合法的字符数组初始化（即初始化可作为C字符串使用）。

   A. char s[3] = "abc";　　B. char s[] = {'a', 'b', 'c'};

   C. char s[4] = "123";　　D. char s[5]; s = "test";

2. strlen("A\nB")的返回值是（　　）。

   A. 3　　B. 4　　C. 2　　D. 1

3. 以下代码的输出结果是什么（　　）。

```
char s1[]="Hello";
char s2[]="Hello";
printf("%d",strcmp(s1,s2));
```

   A. 0　　B. 1　　C. -1　　D. 随机值

4. fgets_s()函数读取的字符串可能包含的字符是（　　）。

   A. '\0'　　B. '\n'　　C. 空格　　D. 所有以上

5. 以下代码的输出是（　　）。

```
char str[10]="Hello";
strcat(str,"World");
printf("%s",str);
```

A. HelloWorld　　B. Hello　　C. 编译错误　　D. 运行时错误

6. 以下代码的输出是（　　）。

```
char str[]="A\0BC";
printf("%d",strlen(str));
```

A. 1　　B. 2　　C. 3　　D. 4

7. 关于strcpy函数的使用，以下哪项会导致缓冲区溢出？（　　）

A. char dest[5]; strcpy(dest, "Hi");　　B. char dest[5]; strcpy(dest, "Hello");

C. char dest[5]; strcpy(dest, "H");　　D. char dest[5]; strcpy(dest, "");

8. 以下代码的输出是（　　）。

```
char s1[]="apple";
char s2[]="banana";
printf("%d",strcmp(s1,s2));
```

A. 负数　　B. 正数　　C. 0　　D. 随机值

9. 使用fgets()函数读取输入"test\n"后，字符串的内容是（　　）。

A. "test\n\0"　　B. "test\0"　　C. "test"　　D. "test\n"

10. 以下字符数组初始化是错误的是（　　）。

A. char s[] = "abc";　　B. char s[4] = {'a', 'b', 'c', '\0'};

C. char s[3] = "abc";　　D. char s[3] = {'a', 'b', 'c'};

11. 关于字符数组和字符串，以下说法正确的是（　　）。

A. 所有字符数组都是字符串

B. 字符串是字符数组，但字符数组不一定是字符串

C. 字符串不需要以'\0'结尾

D. 字符数组必须用双引号初始化

12. 使用scanf_s("%s", str,6)读取"Hello World"后，str的内容是（　　）。

A. "Hello World"　　B. "Hello""　　C. "Hello\0"　　D. 溢出错误

13. 以下函数中，既能安全地读取包含空格的字符串又符合C语言标准且广泛兼容的是（　　）。

A. 使用gets_s　　B. 使用scanf_s　　C. 使用fgets　　D. 使用getchar

14. 执行以下代码的结果是（　　）。

```
char str[5]="test";
str[4]='!';
printf("%s",str);
```

A. "test!"　　B. "test"　　C. 未定义行为　　D. 编译错误

15. 以下（　　）函数用于比较两个字符串的前n个字符。

A. strncmp()　　B. strcmp()　　C. memcmp()　　D. strcat()

二、编程题

1. 统计字符出现次数。

编写函数int countChar(char str[], char ch)，统计字符ch在字符串中出现的次数。

例如输入：str = "apple", ch = 'p'，则输出：2。

2. 删除特定字符。

编写函数void removeChar(char str[], char ch)，删除字符串中所有ch字符。

例如输入：str = "banana", ch = 'a'，则输出：str = "bnn" 。

单元 12 指 针

C语言的指针是一种强大而基础的工具，用于直接操作内存地址。指针本身是一个变量，其值为另一个变量的内存地址，通过取地址运算符&获取目标变量的位置，并通过解引用运算符*访问或修改该地址存储的数据。

学习目标

- 理解指针的概念及其在C语言中的重要性。
- 掌握如何声明和使用指针。
- 学习通过指针访问变量的值。

知识要点

1. 指针的定义与声明

指针是存储内存地址的变量。

声明格式：数据类型 *指针变量名;（如 int *p;）。

通过取地址运算符 & 获取变量的地址（如 p = &a;）。

2. 指针的解引用

使用 * 运算符访问指针指向的值（如 *p = 10;）。

3. 指针与数组

数组名是数组首元素的地址（如 int arr[5];，arr 等价于 &arr[0]）。

通过指针遍历数组（如 *(arr + i) 或 p[i]）。

4. 指针与函数

指针作为函数参数，实现引用传递（如 void swap(int *a, int *b);）。

函数返回指针（注意局部变量地址不可返回）。

5. 指针的常见错误

未初始化的指针（野指针）。

越界访问内存。

释放已释放的内存（双重释放）。

习题精解

1. 以下代码的输出结果是（　　）。

```
int arr[] = {10, 20, 30};   int *p = arr;   printf("%d", *(p++ + 1));
```

A. 10　　B. 20　　C. 30　　D. 编译错误

解析：

（1）p 初始指向数组第一个元素 arr[0]。

（2）p++ 是后置自增，先返回 p 的原值，再让 p 指向 arr[1]。

（3）p++ + 1 等价于 (p++) + 1，即原 p 的地址加 1 个 int 单位，指向 arr[1]。

（4）*(p++ + 1) 等价于 arr[1] 的值，即 20。

答案：B。

2. 以下代码的输出结果是（　　）。

```
char str[]="hello";char *p=str;  while(*p != '\0'){
    p++;}  printf("%d",p-str);
```

A. 4　　B. 5　　C. 6　　D. 随机值

解析：

（1）str 是字符数组，存储 'h','e','l','l','o','\0'，长度为 6（含结尾的空字符）。

（2）p 初始指向 str[0]，循环中 p 自增直到指向 '\0'。

（3）p - str 是地址差，单位为元素大小（char 类型为 1 字节）。

（4）最终 p 指向 str[5]，差值为 5（即字符串长度）。

答案：B。

3. 编写函数reverse_array()，通过指针将整型数组的元素逆序。

示例输入/输出：

原数组：1 2 3 4 5

逆序后：5 4 3 2 1

解析：

使用两个指针分别指向数组的首尾元素，逐步向中间移动并交换元素。当首指针超过或等于尾指针时，停止交换。

实现代码：

```
#include <stdio.h>
void reverse_array(int *arr, int size){
    int *start=arr;                    //首位指针
    int *end=arr+size-1;               //尾位指针
    while(start<end){
        int temp=*start;
        *start=*end;
        *end=temp;
```

```
            start++;
            end--;
        }
}
int main(){
    int arr[]={1,2,3,4,5};
    int size=sizeof(arr)/sizeof(arr[0]);
        printf("原数组:");
    for(int i=0;i<size;i++){
        printf("%d",arr[i]);            // 输出:1 2 3 4 5
    }
    reverse_array(arr,size);

    printf("\n逆序后:");
    for(int i=0;i<size;i++){
        printf("%d",arr[i]);            // 输出:5 4 3 2 1
    }
    return 0;
}
```

运行结果如图12.1所示。

图 12.1 运行结果

小结

本单元讲解了C语言中指针的核心知识体系，主要包含指针的本质概念及其内存寻址原理，涵盖指针变量的定义方式、取地址运算符(&)与解引用运算符(*)的使用规范。

实战训练

一、选择题

1. 指针变量的值是（　　）。

   A. 数据值　　B. 内存地址

   C. 数据类型　　D. 运算结果

2. 以下（　　）操作符用于获取变量的地址。

   A. *　　B. &　　C. ->　　D. #

3. 以下代码的输出是（　　）。

```
int a=5;  int *p=&a;  printf("%d",*p);
```

   A. 5　　B. 内存地址

   C. 编译错误　　D. 随机值

4. 若指针p指向数组arr的首元素，可以访问第三个元素的是（　　）。

A. p[2]　　B. *(p + 3)　　C. p + 2　　D. *p + 2

5. 未初始化的指针称为（　　）。

A. 空指针　　B. 野指针　　C. 悬垂指针　　D. 无效指针

6. 以下代码的输出是（　　）。

```
int arr[]={1,2,3};  int *p=arr;  printf("%d",*(p+1));
```

A. 1　　B. 2　　C. 3　　D. 内存地址

7. 在C语言中，使用指针作为函数参数的主要目的是（　　）。

A. 传递值　　B. 传递地址　　C. 传递数据类型　　D. 传递函数

8. 以下代码的输出是（　　）。

```
int a = 10;  int *p = &a;  *p = 20;  printf("%d", a);
```

A. 10　　B. 20　　C. 内存地址　　D. 编译错误

9. 以下（　　）是合法的指针声明。

A. int p;　　B. int *p;　　C. *int p;　　D. p int;

10. 在标准C/C++中，对于声明int *p = NULL;正确理解的是（　　）。

A. p指向地址0　　B. p是野指针

C. p未初始化　　D. p指向有效内存

11. 以下代码的输出是（　　）。

```
int arr[3]={10,20,30};  int *p=arr+1;  printf("%d",*p);
```

A. 10　　B. 20　　C. 30　　D. 内存地址

二、判断题

1.（　　）未初始化的指针变量可以直接使用，不会导致问题。

2.（　　）数组名是一个常量指针，不能进行自增操作（如arr++）。

3.（　　）对两个指向不同数组的指针进行减法运算是合法的。

4.（　　）以下声明中，int* const p表示指针p的值不可修改，但可以通过p修改所指向的值。

5.（　　）函数返回指向局部变量的指针是安全的。

6.（　　）可以通过指针修改字符串字面量（如char *s = "hello";）中的字符。

7.（　　）在C语言中，将void*指针赋值给int*指针时不需要显式类型转换。

8.（　　）对空指针（如int *p = NULL;）进行间接引用操作（如*p）会导致编译错误。

9.（　　）指针变量可以直接与整数进行加法运算（如int *p; p = p + 5;）。

10.（　　）const int *p和int const *p的语义是相同的。

三、编程题

1. 使用指针编写程序，输入一个字符串（长度不超过100），统计其中元音字母（a, e, i, o, u，不区分大小写）的个数。如输入“Hello world”，输出“元音字母个数：3”。

2. 用指针编写程序，输入一个整型数组（长度不超过20），找到数组中的最大值，并输出其值和位置（索引）。如输入“5 9 3 8 2”，输出“最大值：9；位置：1”。

3. 编写函数merge()，通过指针合并两个升序排列的整型数组，生成一个新的升序数组

（假设数组长度均不超过10）。

例如：

数组1：1 3 5

数组2：2 4 6

合并后数组：1 2 3 4 5 6

单元 13 预处理和内存管理

预处理是程序编译过程中不可或缺的关键环节，其核心预处理机制涵盖宏定义、条件编译等基础语法元素。在计算机应用领域中，尤其是嵌入式系统开发场景下，内存资源往往呈现出极其稀缺的特性。如何高效地管理和优化内存资源，始终是开发者在程序设计阶段需要重点考量的核心问题。

学习目标

- 理解预处理的作用。
- 掌握预处理器在编译前的代码处理流程（如宏替换、文件包含、条件编译）。
- 熟练使用 #include（头文件包含）、#define（宏定义）、#ifdef/#ifndef（条件编译）等指令。
- 掌握宏定义与条件编译。
- 能正确编写带参数的宏，避免宏展开副作用（如用括号包裹表达式）。
- 利用条件编译实现平台适配或调试代码开关（如 #if DEBUG）。
- 掌握内存四区：栈（局部变量）、堆（手动分配）、静态/全局区（全局/静态变量）、常量区（字符串字面量）。
- 理解变量的存储类别（auto、statiC．register、extern）及其作用域与生命周期。
- 明确栈内存的自动分配与释放机制。

知识要点

1. 预处理的作用与流程

（1）作用：在编译前对源代码进行文本替换、条件包含等操作。

（2）流程：

处理所有以 # 开头的指令（如 #include、#define）。

生成经过宏替换和条件编译后的中间代码，供编译器处理。

2. 常用预处理指令

（1）#include：

```
#include <stdio.h>                                  // 系统头文件
#include "myheader.h"                               // 用户自定义头文件
```

（2）#define：

```
#define PI 3.14                                     // 无参宏
#define MAX(a, b)  ((a)>(b)?(a):(b))                // 带参宏
```

（3）条件编译：

```
#ifdef DEBUG
 printf("调试模式开启\n");
#endif
```

3. 宏与条件编译的注意事项

（1）宏的副作用：

```
#define SQUARE(x)  (x)*(x)
int a=3;
printf("%d",SQUARE(a++));      // 输出结果可能非预期（展开为 (a++) * (a++)）
```

（2）条件编译应用场景：

①跨平台适配：

```
#ifdef _WIN32
  // Windows平台代码
 #elif __linux__
  // Linux平台代码
 #endif
```

②调试开关：

```
#define DEBUG  1
 #if DEBUG
  // 调试代码
#endif
```

4. 内存分区（见表 13-1）

表 13-1 内存分区

分　区	存储内容	生命周期
栈区	局部变量、函数参数	函数调用时创建，返回时销毁
堆区	手动分配的内存（如 malloc）	需显式释放（free）
静态 / 全局区	全局变量、static 变量	程序启动时创建，结束时销毁
常量区	字符串字面量、const 常量	程序运行期间只读

5. 栈内存管理

（1）自动分配与释放：

```
void func(){
  int a=10;                              // 栈内存分配
 } // 函数返回时，a 自动释放
```

（2）特点：速度快，但容量有限，不适合大内存需求。

6. 堆内存基础

核心思想：手动申请（malloc）与释放（free），灵活但需谨慎管理。

7. 常见问题

（1）内存泄漏：

```
int *p=(int*)malloc(sizeof(int));      // 忘记 free(p);
```

（2）野指针：

```
int *p=NULL; free(p);                  // 正确做法:释放后置空
p=NULL;
```

（3）缓冲区溢出：

```
char str[5];
strcpy(str,"Hello");                   // 越界写入，导致未定义行为
```

习题精解

1. 以下代码的输出结果是（　　）。

```
#include <stdio.h>
#define SQUARE(x) x*x
int main() {
    int a=3;
    printf("%d",SQUARE(a+1));
    return 0;
}
```

A. 16　　B. 10　　C. 7　　D. 编译错误

解析：

（1）宏 SQUARE(x) 展开为 x * x，实际计算为 a + 1 * a + 1。

（2）代入 a = 3，结果为 3 + 1 * 3 + 1 = 3 + 3 + 1 = 7。

（3）错误原因：未用括号包裹参数，导致运算符优先级问题。正确宏应为 #define SQUARE(x) ((x) * (x))。

答案： C。

2. 以下代码中存在（　　）内存问题。

```
#include <stdliB. h>
```

```
int main(){
    int *p=(int*)malloc(sizeof(int));
    *p=5;
    free(p);
    *p=10;                                        // 此行代码的问题
    return 0;
}
```

A. 内存泄漏　　B. 野指针　　C. 缓冲区溢出　　D. 重复释放

解析：

free(p) 后未将 p 置空，导致 p 成为野指针，后续 *p = 10 访问已释放内存，属于未定义行为。

答案：B。

3. 编写程序，使用动态内存分配创建一个长度为*n*的整型数组（*n*由用户输入），并计算所有元素的平均值。

解析：

（1）使用 malloc 动态分配内存，需检查返回值是否为 NULL。

（2）输入数据后计算平均值，最后必须调用 free 释放内存。

（3）释放后置空指针，避免野指针问题。

实现代码：

```
#include <stdio.h>
#include <stdliB. h>
int main(){
    int n,*arr,sum=0;
    float avg;
    // 输入数组长度
    printf("输入数组长度:");
    scanf("%d",&n);
    // 动态分配内存
    arr=(int*)malloc(n*sizeof(int));
    if(arr==NULL){
        printf("内存分配失败!\n");
        return 1;
    }
    // 输入数组元素并求和
    printf("输入%d个整数:",n);
    for(int i=0;i<n;i++){
        scanf("%d",&arr[i]);
        sum+=arr[i];
    }
    // 计算平均值
    avg=(float)sum/n;
    printf("平均值:%.2f\n",avg);
```

```
    // 释放内存
    free(arr);
    arr = NULL;                                 // 避免野指针
    return 0;
}
```

小结

本单元介绍了C语言的预处理和内存管理。预处理是C语言编译过程中的一个早期阶段，主要负责处理源代码中的预处理指令。这些指令以“#”开头，包括#include、#define、#ifdef、#ifndef、#if、#else、#elif 和 #endif、#undef。内存管理是C语言编程中的一个重要方面，它涉及如何在程序中分配、使用和释放内存。C语言提供了以下主要的内存管理工具：变量动态内存分配、内存释放等。

实战训练

一、选择题

1. 以下代码的输出结果是（　　）。

```
#define MUL(a, b) a*b
int x=MUL(2+3,4);
```

A. 20　　B. 14　　C. 11　　D. 编译错误

2. 以下条件编译指令中，哪一行会生效?（　　）

```
#define VERSION 2
#if VERSION == 1
    // Code A
#elif VERSION > 0
    // Code B
#else
    // Code C
#endif
```

A. Code A　　B. Code B　　C. Code C　　D. 均不生效

3. 头文件守卫（#ifndef）的主要作用是（　　）。

A. 提高编译速度　　B. 防止重复包含头文件

C. 优化代码性能　　D. 检查语法错误

4. 以下代码中，DEBUG 宏未定义时，输出结果是（　　）。

```
#ifdef DEBUG
    printf("Debug Mode");
#else
    printf("Release Mode");
#endif
```

A. Debug Mode　　B. Release Mode　　C. 无输出　　D. 编译错误

5. 以下代码中，#pragma once的作用是（　　）。

```
#pragma once
void func();
```

A. 强制函数内联　　B. 替代#ifndef头文件守卫
C. 忽略编译警告　　D. 声明函数原型

6. 以下代码的输出结果是（　　）。

```
#define CONCAT(a,b) a##b
int xy=10;
printf("%d",CONCAT(x,y));
```

A. 10　　B. xy　　C. 编译错误　　D. 随机值

7. 以下代码中，MAX宏的正确定义方式是（　　）。

```
// 要求:正确比较两个数的大小
#define MAX(a,b) ???
```

A. a > b ? a : b　　B. ((a) > (b) ? (a) : (b))
C. (a > b) ? a : b　　D. { return a > b ? a : b; }

8. 以下代码中，p指向的内存区域属于（　　）。

```
int* create(){
    static int x=5;
    return &x;
}
int *p=create();
```

A. 栈区　　B. 堆区　　C. 静态区　　D. 常量区

9. 以下代码存在问题的是（　　）。

```
int *p=(int*)malloc(sizeof(int));
free(p);
free(p);
```

A. 内存泄漏　　B. 野指针　　C. 重复释放　　D. 缓冲区溢出

10. 以下代码的输出结果是（　　）。

```
char *s="Hello";
s[0] ='h';
printf("%s",s);
```

A. hello　　B. Hello　　C. 程序崩溃　　D. 编译错误

11. 以下代码中，arr存储在（　　）内存区。

```
void func(){
    int arr[10];
}
```

A. 栈区　　B. 堆区　　C. 静态区　　D. 常量区

12. 以下代码中，动态分配的内存是否会被正确释放？(　　)

```
int *p=(int*)malloc(10*sizeof(int));
p++;
free(p);
```

A. 是　　B. 否

13. 以下代码的输出结果是(　　)。

```
int *p=NULL;
printf("%d",*p);
```

A. 0　　B. 随机值　　C. 程序崩溃　　D. 编译错误

14. 以下代码中，static 关键字的作用是(　　)。

```
void func(){
    static int count=0;
    count++;
}
```

A. 限制作用域　　B. 延长变量生命周期

C. 禁止修改变量　　D. 优化内存分配

15. 以下代码中，str 的内存分配方式属于(　　)。

```
char *str=malloc(100);
strcpy(str,"Hello");
```

A. 栈分配　　B. 堆分配　　C. 静态分配　　D. 常量区分配

二、编程题

1. 使用动态内存分配编写程序，输入一个整数 n，创建一个长度为 n 的整型数组，并输入数组元素。计算数组中所有奇数的和，最后释放内存。

例如：

输入数组长度：5

输入数组元素：3 8 5 2 7

奇数和：15（3+5+7）

2. 编写程序，输入一个字符串（长度不超过100），使用动态内存分配复制该字符串，并过滤掉所有非字母字符（仅保留大小写字母），最后输出过滤后的字符串。

例如：

输入：He2llo! W@orld

输出：HelloWorld

单元14

结构体、枚举及共用体

C语言中，结构体（struct）允许自定义复合数据类型，将不同数据类型的变量组合为逻辑单元，各成员独立存储，内存占用为各成员之和，适用于聚合关联数据。枚举（enum）定义一组具名整型常量，提升代码可读性，默认从0递增，支持显式赋值，常用于表示有限状态或选项。共用体（union）的成员共享同一内存空间，内存大小由最大成员决定，同一时间仅能存一个成员值，用于节省内存或类型转换场景。

学习目标

- 掌握结构体定义与成员访问方法。
- 理解枚举定义及状态表示应用。
- 理解共用体内存共享及标签使用。
- 区分共用体和结构体的内存模型差异。

知识要点

1. 结构体

（1）定义：结构体是用户自定义的复合数据类型，允许将多个不同类型的数据成员组合成一个逻辑单元。

（2）用途：

①表示复杂实体（如学生信息、图书记录）。

②函数间传递多个相关参数。

③实现动态数据结构（如链表、树节点）。

（3）语法格式：

```
// 定义结构体类型
struct 结构体名{
    数据类型 成员名1;
    数据类型 成员名2;
```

```
    // ...
};
// 声明结构体变量
struct 结构体名 变量名;
 // 直接初始化
struct Student{
    char name[50];
    int age;
    float gpa;
} s1={"Alice",20,3.8f};
 // 结构体指针
struct Student *ptr=&s1;
printf("%s\n",ptr->name);                         // 访问成员
```

（4）示例：

```
#include <stdio.h>

struct Point{
    int x;
    int y;
};

int main(){
    struct Point p1={3,4};
    printf("坐标:(%d,%d)\n",p1.x,p1.y);

    struct Point *ptr=&p1;
    ptr->x=5;
    printf("修改后坐标:(%d,%d)\n",ptr->x,ptr->y);
    return 0;
}
```

2. 枚举（enum）

（1）定义：枚举是用户定义的整型常量集合，为每个常量赋予有意义的名称。

（2）用途：

①定义有限的状态集合（如设备状态、星期几）。

②提高代码可读性（替代魔法数字）。

③类型安全的常量定义。

（3）语法格式：

```
// 定义枚举类型
enum 枚举名{
    常量名1 [=整数值],
    常量名2,
```

```
    // ...
};
 // 使用枚举变量
enum 枚举名 变量名;
```

（4）示例：

```
#include <stdio.h>
enum Status{
    IDLE=0,
    RUNNING,
    PAUSED,
    ERROR
};
 int main(){
    enum Status current=RUNNING;

    switch(current){
        case IDLE:
            printf("设备空闲\n");
            break;
        case RUNNING:
            printf("设备运行中\n");
            break;
        // ...
    }
    return 0;
}
```

3. 共用体（union）

（1）定义：共用体是一种特殊的数据类型，所有成员共享同一块内存空间，同一时间只有一个成员有效。

（2）用途：

①节省内存（当多个成员不会同时使用）。

②类型双关（type punning）。

③硬件寄存器映射。

（3）语法格式：

```
// 定义共用体类型
union 共用体名{
    数据类型 成员名1;
    数据类型 成员名2;
    // ...
};
 // 使用类型标签
```

```
union 共用体名 变量名;
变量名.成员名 = 值;                // 修改当前有效成员
```

（4）示例：

```
#include <stdio.h>

// 定义简单共用体
union SimpleUnion{
    int num;                       // 整型成员
    float fnum;                    // 浮点型成员
    char bytes[4];                 // 字符数组成员
};
int main(){
    union SimpleUnion data;
    // 通过整型设置值
    datA.num=0x42480000;           // 十六进制表示
    // 通过浮点型读取
    printf("浮点型解读:%.1f\n",datA.fnum);
    // 通过字符数组读取
    printf("字节序列:");
    for(int i=0;i<4;i++){
        printf("%02X",datA. bytes[i]);
    }
    printf("\n");
    // 修改单个字节
    datA. bytes[0]=0x43;           // 修改最高字节
    printf("修改后浮点值:%.1f\n",datA.fnum);
    return 0;
}
```

习题精解

1. 以下关于C语言枚举类型的描述，正确的是（　　）。

A. 枚举常量默认是int类型且不可修改　　B. 可以为枚举常量显式指定整数值

C. 枚举类型变量只能存储枚举常量值　　D. 枚举类型变量可以直接参与算术运算

解析：

（1）A错误：枚举常量默认是int类型，但可以通过enum Color : char { RED, GREEN, BLUE }; 显式指定底层类型

（2）B正确：可以显式赋值如enum Weekday { MON=1, TUE, WED=5 };

（3）C错误：枚举变量可以存储任何该枚举类型能表示的整数值

（4）D正确：枚举变量本质是整数类型，可以直接参与算术运算

答案：BD。

2. 以下结构体定义中，sizeof(struct S)的值是（　　）字节。

```
struct S{
    char a;
    double b;
    int c;
};
```

A. 16　　B. 17　　C. 24　　D. 32

解析：

（1）内存对齐规则（假设64位系统，double占8字节，int占4字节）：

①char a (1字节) → 偏移0，填充1字节到偏移2。

②double b (8字节) → 偏移8（对齐到8字节边界）。

③int c (4字节) → 偏移16（对齐到4字节边界）。

（2）总大小：8（b）+4（c）+8（结构体对齐到最大成员大小8的倍数）= 24字节。

答案：C。

3. 使用枚举实现红绿灯状态机，编写主函数演示状态转换过程。

要求：

（1）定义枚举类型包含RED. YELLOW、GREEN三种状态。

（2）编写函数实现状态转换逻辑：

```
RED → GREEN
GREEN → YELLOW
YELLOW → RED
```

解析：

（1）定义枚举类型。

```
enum TrafficLight { RED, YELLOW, GREEN };
```

定义了一个枚举类型 TrafficLight，包含三个状态：

```
RED（默认值 0）
YELLOW（默认值 1）
GREEN（默认值 2）
```

注意：枚举常量默认从 0 开始递增，但也可以手动指定值，如 enum TrafficLight { RED = 1, YELLOW = 2, GREEN = 3 };。

（2）状态转换函数 transition()。

```
enum TrafficLight transition(enum TrafficLight current){
    switch(current){
        case RED:     return GREEN;     // RED → GREEN
        case GREEN:   return YELLOW;    // GREEN → YELLOW
        case YELLOW:  return RED;       // YELLOW → RED
        default:      return RED;       // 默认返回 RED（防止未定义行为）
    }
}
```

输入：当前状态 current（RED、YELLOW 或 GREEN）。
输出：下一个状态，按照题目要求的转换逻辑：

```
RED → GREEN
GREEN → YELLOW
YELLOW → RED
```

default 分支：如果传入非法值（理论上不会发生），默认返回 RED。

实现代码：

```c
#include <stdio.h>
// 定义交通灯状态枚举
enum TrafficLight{ RED, YELLOW, GREEN };
// 状态转换函数
enum TrafficLight transition(enum TrafficLight current){
    switch(current){
        case RED:      return GREEN;
        case GREEN:    return YELLOW;
        case YELLOW:   return RED;
        default:       return RED;
    }
}
int main(){
    enum TrafficLight light=RED;

    printf("初始化状态:%d\n",light);
    for(int i=0;i<5;i++){
        light=transition(light);
        printf("%d之后是:%d\n",i+1,light);
    }
    return 0;
}
```

小结

本单元介绍了结构体、枚举和共用体。结构体允许将多个不同类型的数据成员组合成一个逻辑单元；枚举是用户定义的整型常量集合，为每个常量赋予有意义的名称；共用体是一种特殊的数据类型，所有成员共享同一块内存空间，同一时间只有一个成员有效，使用共用体可以节省内存。

实战训练

一、选择题

1. 下列（　　）是结构体的主要特点。

A. 成员独立存储空间　　　　B. 成员共享存储空间

C. 只能包含基本数据类型　　D. 编译时分配内存

2. 共用体（union）的典型应用场景是（　　）。

A. 存储多个不同类型的数据，但每次只使用其中一个

B. 存储多个相同类型的数据集合

C. 定义一组命名的整数常量

D. 实现面向对象的多态特性

3. 枚举类型在内存中占用的存储空间大小通常是（　　）。

A. 1字节　　B. 2字节

C. 4字节　　D. 由编译器决定

4. 结构体作为函数参数传递时，默认采用的方式是（　　）。

A. 值传递　　B. 地址传递　　C. 引用传递　　D. 指针传递

5. 以下关于结构体嵌套的说法，正确的是（　　）。

A. 结构体不能嵌套定义

B. 结构体可以嵌套其他结构体，但不能嵌套共用体

C. 结构体可以嵌套其他结构体和共用体

D. 结构体嵌套会导致内存泄漏

6. 共用体变量的大小由（　　）决定。

A. 最大成员的大小　　B. 所有成员大小之和

C. 第一个成员的大小　　D. 最后一个成员的大小

7. 枚举类型在定义时，枚举常量默认从（　　）值开始递增。

A. 0　　B. 1

C. −1　　D. 由编译器决定

8. 结构体变量在赋值时，会发生（　　）。

A. 浅拷贝　　B. 深拷贝

C. 引用拷贝　　D. 不允许直接赋值

9. 以下情况会导致编译错误的是（　　）。

A. 结构体成员名称重复　　B. 结构体成员类型重复

C. 结构体嵌套自身　　D. 结构体包含函数指针成员

10. 枚举类型在C语言中主要用于（　　）。

A. 实现多态　　B. 提高代码可读性

C. 优化内存使用　　D. 实现动态类型

11. 使用共用体时，可以对多个成员同时进行初始化吗？（　　）

A. 可以　　B. 不可以，只能初始化第一个成员

C. 不可以，每次只能初始化一个成员　　D. 取决于编译器实现

12. 结构体指针访问成员的正确方式是（　　）。

A. (*ptr).member　　B. ptr->member

C. ptr.member　　D. &ptr->member

13. 以下情况适合使用结构体的是（　　）。

A. 需要存储多个不同类型的数据，但每次只使用其中一个

B. 需要存储多个相同类型的数据集合

C. 需要定义一组命名的整数常量

D. 需要实现面向对象的多态特性

14. 枚举常量在switch语句中可以直接使用吗？(　　)

A. 可以，不需要类型转换　　B. 不可以，必须转换为整型

C. 可以，但编译器会发出警告　　D. 取决于枚举定义方式

15. 结构体可以作为函数的返回值吗？(　　)

A. 可以，直接返回结构体　　B. 不可以，必须返回结构体指针

C. 可以，但可能涉及深拷贝问题　　D. 取决于编译器支持

二、编程题

1. 使用结构体定义一个学生信息，包含学号、姓名、年龄和成绩，并编写函数实现学生信息的输入和输出。

2. 利用共用体设计一个数据类型，可以存储整数、浮点数或字符，并编写函数判断当前存储的数据类型。

3. 使用枚举定义一周的星期几，并编写程序统计某个月份中每个星期几出现的次数（假设已知该月份的天数和起始星期几）。

单元15 位运算

在计算机中，通常会采用二进制来进行数据存储，除二进制以外，还会使用八进制和十六进制。这三种进制之间可以通过简单的换算相互转换：八进制对应二进制三位一组，十六进制对应四位一组，这种特性使得它们在表示内存地址和机器指令时尤为高效。C语言位运算是直接对整数的二进制位进行操作的技术，它提供了高效处理数据的手段。主要包含6种运算符：按位与(&)、按位或(|)、按位异或(^)、取反(~)、左移(<<)和右移(>>)。例如，在嵌入式开发中，通过位与运算可以快速判断某寄存器的特定位状态，位移运算则广泛用于数据压缩和协议解析。

学习目标

- 了解进制和码制的概念。
- 掌握常用进制之间的转换。
- 掌握二进制的按位与、按位或、按位异或以及按位取反操作。
- 掌握二进制的左移和右移操作。

知识要点

1. 进制和码制

（1）进制：表示数值的进位规则，常用有二进制（0—1，基2）、八进制（0—7，基8）、十进制（0—9，基10）、十六进制（O—F，基16），计算机底层采用二进制，编程常用十六进制简化表示。

（2）码制：数值在计算机中的编码方式，包括原码（符号位+绝对值，存在±0）、反码（符号位不变，其余取反）、补码（反码+1，解决加减统一），计算机普遍采用补码；其他如BCD码（4位二进制表十进制数）、格雷码（相邻数仅1位不同）。

2. 常用进制简介及它们之间的转换

二进制、八进制、十六进制和十进制是计算机科学中常用的数制系统，它们在数据表示和运算中各有特点：

（1）二进制（binary）：仅使用0和1两个数字，是计算机底层数据存储和运算的基础。每位权值为2的幂次方，如2^0、2^1、2^2等。

（2）八进制（octal）：使用0~7共8个数字，每三位二进制数可对应一位八进制数（如$110_2=6_8$），常用于简化二进制表示。

（3）十六进制（hexadecimal）:使用0~9和A~F（代表10~15）共16个字符，每四位二进制数对应一位十六进制数（如$1101_2=D_{16}$），便于表示和传输二进制数据。

（4）十进制（decimal）:日常使用最多的0~9十数字系统，权值为10的幂次方（如10^0、10^1、10^2等）。

各进制转换方法：

（1）二进制→十进制：按权展开求和（如$1011_2=1\times2^3+0\times2^2+1\times2^1+1\times2^0=11_{10}$）。

（2）十进制→二进制：除2取余倒序排列（如13 ÷ 2 = 6余1，6 ÷ 2 = 3余0，3 ÷ 2 = 1余1，1 ÷ 2 = 0余1 → 1101_2）。

（3）二进制→八进制/十六进制：分组转换（每三位/四位一组）。

（4）八进制/十六进制→二进制：每位扩展为三位/四位二进制数。

（5）十进制→八进制/十六进制：先转二进制，再分组转换。

3．常用的位运算操作

广义地说，为解决一个问题而采取的方法和步骤，就称为“算法”。对于同一个问题，可以有不同的解题方法和步骤。可以使用自然语言、伪代码、流程图以及计算机语言表示。

1）按位与（&）

功能：对两个数的每一位进行与操作，只有对应位都为1时结果位才为1。

示例：5 & 3 → 二进制0101 & 0011 = 0001（十进制1）。

2）按位或（|）

功能：对两个数的每一位进行或操作，只要对应位有一个为1，结果位就为1。

示例：5 | 3 → 二进制0101 | 0011 = 0111（十进制7）。

3）按位异或（^）

功能：对两个数的每一位进行异或操作，当对应位不同时结果位为1，相同时为0。

示例：5 ^ 3 → 二进制0101 ^ 0011 = 0110（十进制6）。

4）按位取反（~）

功能：对操作数的每一位进行取反操作，0变1，1变0。

示例：~5 → 二进制~00000101 = 11111010（在8位系统中为-6）。

5）左移（<<）

功能：将操作数的二进制位向左移动指定位数，右侧补0。

示例：5 << 1 → 二进制0101 << 1 = 1010（十进制10）。

6）右移（>>）

功能：将操作数的二进制位向右移动指定位数，左侧补符号位（正数补0，负数补1）。

示例：5 >> 1 → 二进制0101 >> 1 = 0010（十进制2）。。

4．置位和清零操作

置位操作通常使用按位或操作符（|）来实现。为了将某个特定位设置为1，可以将该位对应的掩码（mask）与原始值进行按位或操作。掩码是一个二进制数，其中只有要修改的那一

位是1，其余位都是0。

清零操作通常使用按位与操作符（&）和按位取反操作符（~）来实现。为了将某个特定位清零，可以先将该位对应的掩码取反（即该位变为0，其余位变为1），然后将取反后的掩码与原始值进行按位与操作。

习题精解

1. 按照以下代码的输出结果是（　　）。

```
#include <stdio.h>
int main(){
    unsigned char a = 0x0F;   // 二进制 0000 1111
    unsigned char result = (a << 2) & 0xFF;
    printf("0x%02X", result);
    return 0;
}
```

A. 0x0F　　B. 0x3C　　C. 0xF0　　D. 0x03

解析：

（1）左移运算：a << 2 将 0x0F（二进制 0000 1111）左移2位，得到 0011 1100（即 0x3C）。

（2）位与运算：0x3C & 0xFF 中，0xFF 是掩码，保留低8位。由于左移后结果仍为8位，掩码操作不影响结果。

答案：B。

2. RGB颜色与十六进制字符串互转。

RGB颜色由红（R）、绿（G）、蓝（B）三个分量组成（取值范围均为0~255）。编写两个函数：

（1）rgb_to_hex()：将RGB分量转换为0x00RRGGBB格式的十六进制字符串。

（2）hex_to_rgb()：将十六进制字符串（如0x00FFA07A）解析为RGB分量。

解析：

1）RGB转十六进制

步骤分解：

（1）将RGB分量合并为32位整数（格式0x00RRGGBB）。

（2）手动提取每个字节，将每个字节的高四位和低四位分别转换为十六进制字符。

（3）拼接字符串：固定格式为 0x00 + R的两位 + G的两位 + B的两位。

2）十六进制转RGB

步骤分解：

（1）跳过前缀（如0x或0X），定位到有效颜色部分。

（2）提取每两位字符，转换为对应的字节值（R、G、B）。

（3）组合结果：将解析后的字节存入RGB分量。

实现代码：

```
#include <stdio.h>
#include <stdint.h>
```

```
#include <string.h>
// 辅助函数:将四位数值转换为十六进制字符
char value_to_hex_char(uint8_t value){
    value &=0x0F;  // 确保输入为四位
    return (value < 10) ? ('0' + value) : ('A' + (value - 10));
}
// 辅助函数:将十六进制字符转换为四位数值
uint8_t hex_char_to_value(char c) {
    if(c>='0'&&c<='9') return c-'0';
    if(c>='A'&&c<='F') return 10+(c-'A');
    if(c>='a'&&c<='f') return 10+(c-'a');
    return 0;                                    // 无效字符返回0(实际应处理错误)
}
// 将字节转换为两位十六进制字符串
void byte_to_hex(uint8_t byte,char* hex){
    hex[0]=value_to_hex_char(byte>>4);       // 高四位
    hex[1]=value_to_hex_char(byte&0x0F);     // 低四位
}
// RGB转十六进制字符串
void rgb_to_hex(uint8_t r,uint8_t g,uint8_t b,char* hex_str){
    // 固定前缀 "0x00"
    hex_str[0]='0';
    hex_str[1]='x';
    hex_str[2]='0';
    hex_str[3]='0';
    // 将R、G、B分量转为十六进制并填充到字符串
    byte_to_hex(r,hex_str+4);                // R填充到位置4-5
    byte_to_hex(g,hex_str+6);                // G填充到位置6-7
    byte_to_hex(b,hex_str+8);                // B填充到位置8-9
    hex_str[10]='\0';                        // 终止符
}
// 将两位十六进制字符转换为字节
uint8_t hex_pair_to_byte(char c1, char c2){
    return (hex_char_to_value(c1) << 4)|hex_char_to_value(c2);
}
// 十六进制字符串转RGB分量
void hex_to_rgb(const char* hex_str, uint8_t*r, uint8_t*g, uint8_t*b){
    const char* ptr=hex_str;
    // 跳过前缀 "0x" 或 "0X"
    if(ptr[0]=='0'&& (ptr[1]=='x'||ptr[1]=='X')){
        ptr+=2;
    }
    // 定位到有效颜色部分(取后六位)
    size_t len = strlen(ptr);
```

```
    if(len>=6){
        ptr+=(len-6);                                    // 确保始终处理最后六位字符
    }
    // 解析RR、GG、BB
    *r=hex_pair_to_byte(ptr[0], ptr[1]);
    *g=hex_pair_to_byte(ptr[2], ptr[3]);
    *b=hex_pair_to_byte(ptr[4], ptr[5]);
}
int main(){
    // 测试RGB转十六进制
    char hex[11];
    rgb_to_hex(255,160,122,hex);
    printf("RGB转十六进制:%s\n",hex);                    // 输出: 0x00FFA07A
    // 测试十六进制转RGB
    uint8_t r,g,b;
    hex_to_rgb("0x00FFA07A",&r,&g,&b);
    printf("十六进制转RGB:%d,%d,%d\n",r,g,b);            // 输出: 255,160,122
    return 0;
}
```

运行结果如图15.1所示。

图 15.1　运行结果

小结

在本单元的学习中，讲解了进制和码制的概念，以及它们在计算机科学中的重要性。讲解不同进制系统之间的转换方法，包括但不限于二进制、八进制、十进制和十六进制之间的转换。此外，本单元还涵盖二进制数系统中常用的位运算技巧，这些技巧对于理解计算机内部操作至关重要。包括按位与（and）、按位或（or）、按位异或（xor）、按位取反（not）、左移（left shift）和右移（right shift）在内的各种位运算操作。

实战训练

一、选择题

1. 在C语言中，以下（　　）是合法的八进制数表示。

   A. 081　　　　B. 0x1A

   C. 077　　　　D. 0b1010

2. 二进制数 1101 对应的十进制值是（　　）。

   A. 12　　B. 13　　C. 14　　D. 15

3. 十六进制数 0x2F 转换为十进制后等于（　　）。

A. 45　　B. 47　　C. 49　　D. 51

4. 在C语言中，表达式 0b1100 | 0x0A 的结果是（十进制）（　　）。

A. 12　　B. 14　　C. 16　　D. 18

5. 8位有符号补码表示的最小负数是（　　）。

A. −127　　B. −128　　C. −255　　D. −256

6. 以下（　　）位运算符可以实现“将某一位清零”。

A. &　　B. |　　C. ^　　D. ~

7. 表达式 (0xA3 & 0x0F) 的十六进制结果是（　　）。

A. 0x03　　B. 0x0A　　C. 0xA0　　D. 0x0F

8. 十进制数 -5 的8位补码表示是（　　）。

A. 10000101　　B. 11111010　　C. 11111011　　D. 11111101

9. 表达式 ~0 在32位系统下的结果是（　　）。

A. 0x00000000　　B. 0xFFFFFFFF

C. 0x11111111　　D. 0xAAAAAAAA

10. 以下（　　）表达式可以判断一个整数 x 是否为奇数？

A. x & 1　　B. x | 1　　C. x ^ 1　　D. x << 1

11. 将十进制数 30 转换为八进制后是（　　）。

A. 36　　B. 32　　C. 28　　D. 30

12. 表达式 (0x55 ^ 0x0F) 的十六进制结果是（　　）。

A. 0x5A　　B. 0x50　　C. 0xAA　　D. 0xF0

13. 对于有符号整型变量 int a = −8;，执行 a >> 1 后的结果是（　　）。

A. −4　　B. 4　　C. 8　　D. −8

14. 以下在计算机中用于表示有符号整数的码制是（　　）。

A. 原码　　B. 反码　　C. 补码　　D. BCD码

15. 表达式 (3 << 2) 的值是（　　）。

A. 6　　B. 9　　C. 12　　D. 15

二、编程题

1. 编写一个函数 int bin_to_dec(const char *binary_str)，将输入的二进制字符串（如 "1101"）转换为十进制整数返回。输入保证字符串仅包含字符 '0''1'，且长度不超过32位。

示例输入/输出：

输入："1010"→ 输出：10。

输入："11111111"` → 输出：255。

2. 编写一个函数 int reverse_bits(int num)，将输入的32位有符号整数 num 的二进制补码表示进行位反转（即最高位与最低位交换，次高位与次低位交换，依此类推），返回反转后的十进制结果。

示例输入/输出：

输入：1 → 输出：−2147483648（解释：000...0001 → 1000...0000）。

输入：-8 → 输出：268435455（解释：补码 111...1000 → 反转后 000...1111）。

3. 给定一个包含 n 个整数的数组 nums，其中每个元素取值范围为 [0, n] 且唯一。请找出 [0, n] 范围内未出现在数组中的那个整数。必须使用位运算。

示例输入/输出：

输入：[3,0,1] → 输出：2。

输入：[9,6,4,2,3,5,7,0,1] → 输出：8。

参 考 文 献

[1] 陈正冲. C语言深度解剖[M]. 3版. 北京：北京航空航天大学出版社，2019.

[2] GUSTEDT,JENS.Modern C[M].Shelter Island:Manning Publications,2019.

[3] HANSON,DAVID R.C Interfaces and Implementations[M].Boston:Addison-Wesley,1996.

[4] 何钦铭，颜晖. C语言程序设计[M]. 4版. 北京：高等教育出版社，2020.

[5] KERNIGHAN,BRIAN W.; Ritchie,Dennis M.The C Programming Language[M].2nd ed.Upper Saddle River:Prentice Hall,1988.

[6] KOENIG,ANDREW.C Traps and Pitfalls[M].Boston:Addison-Wesley,1989.

[7] 李春葆. C语言程序设计：案例驱动教程[M]. 北京：清华大学出版社，2022.

[8] 李春葆，刘娟，喻丹丹，等. 算法设计与分析[M]. 3版. 北京：清华大学出版社，2024.

[9] PRATA,STEVEN.C Primer Plus[M].6th ed.Upper Saddle River:Addison-Wesley,2013.

[10] REEK,KATHRYN A.Pointers on C[M].Boston:Addison-Wesley,1997.

[11] 谭浩强. C程序设计[M]. 5版. 北京：清华大学出版社，2024.

[12] LINDEN VAN DER P.Expert C Programming:Deep C Secrets[M].Upper Saddle River:Prentice Hall,1994.

[13] 张克新，刘瑞新. C语言程序设计与项目实践[M]. 北京：机械工业出版社，2021.